U0142166

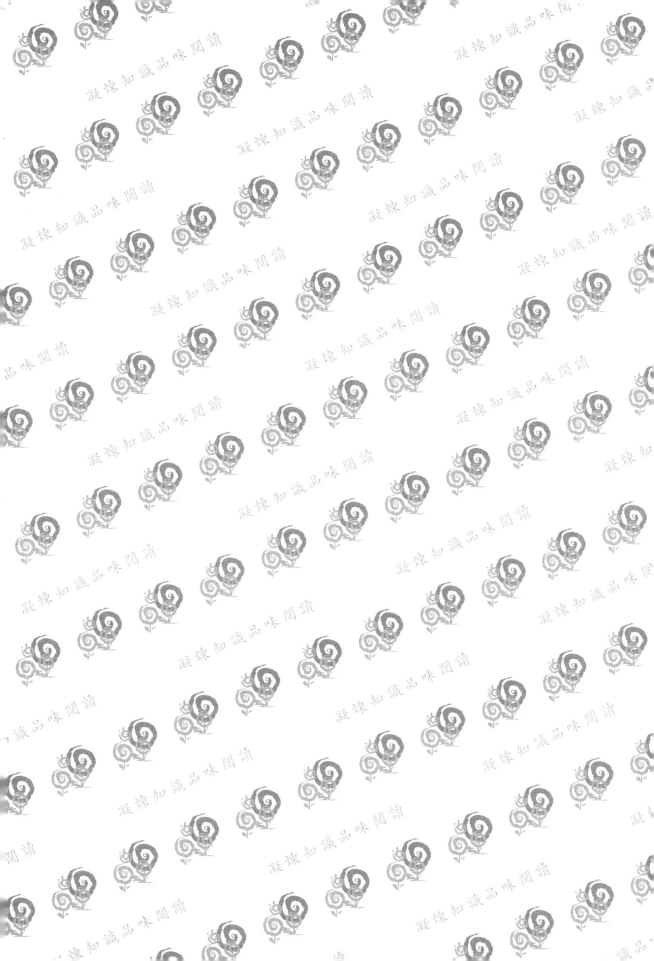

稀土材料的科技應用
及供應鏈風險管理

芮嘉瑋 博士 著

五南圖書出版公司 印行

本書得以順利完成並出版，要感謝任職單位中技社長官們的支持。

謹以此書獻給

愛我的天父上帝；以及

已在天家親愛的父親芮銘，高齡的母親林靜香，

結縭多年心愛的妻子王玟心，活潑可愛的女兒芮可瑜，

岳父母王森田和吳翠琴。

他們的一生充滿令人敬佩的人生智慧。

推薦序1

　　本書的作者是服務於本社科技暨工程研究中心的芮嘉瑋博士，芮君畢業於國立清華大學奈米工程與微系統研究所，曾服務於工研院技術移轉與法律中心、擔任工研院電子與光電研究所專利副主委及光電產業智權經理。芮博士長期從事產業研究、專利智財與投資評估等工作，專注於能源、產業、環境、經濟等議題。擅長創新技術策略分析、科技預測及評估、專利分析與布局、產業分析、智慧財產權管理與經營策略、專利的商業化與貨幣化，熟捻產業技術發展趨勢。

　　近年來本社科技暨工程研究中心無論是對於無人機、低軌衛星、微機電產業、淨零碳排、全球太陽光電技術及稀土關鍵材料供應鏈等議題，都有相當深入的研究。芮博士對於專研的稀土議題也都能提出獨到的見解。本社舉辦的「稀土關鍵材料供應鏈危機下的衝擊與因應」座談會，曾公開發表了探討稀土是如何巧扮醫療影像小幫手，及在生物醫學和藥物領域新興的應用。值得一提的是，國內已有業者積極研發稀土應用於製造醫療用閃爍晶體，助推台灣晶體產業的發展，並且申請了國際專利，樹立起台灣在國際長晶科技的地位。此次座談會芮博士貢獻良多，本社與有榮焉。

　　由於國人對於風力發電機、電動車等所構成的綠色能源科技，充滿了許多美好的期待，認為這是對環境相對友善且不會造成環境污染的能源；然而綠色能源科技必須使用開採會有汙染且用之有盡的稀有金屬，特別是稀土金屬。稀土金屬材料在眾多領域中得到了廣泛的應用，特別是在能源、化工、電子、磁性材料、催化劑和新材料等領域，例如稀土材料可以作為汽車、石油和天然氣的催化劑，以減少尾氣排放和石油加工的能耗；在電子領域，稀土材料可以用於製造高效能、高頻率的磁性儲存器、磁性元件、磁性材料和觸控屏等；此外，在紫外線燈、發光二極體（LED）和太陽能電池等領域中，稀土材料也有不可或缺的元素。在科技進步越來

越快的今天，稀土材料在各個領域中的應用也會越來越廣泛。它的發展和應用將對於人類社會的進步和發展做出巨大的貢獻。這是一個充滿希望和前途的領域，我們應該加強對於稀土材料的開發和研究，以利於社會各個領域的進步和發展。

稀土材料因其獨特的電、光、磁與熱性能，成為現今高科技時代國內外科學家最關注的一組元素，稀土元素共有 17 種，包括鑭、鈰、鐠、釹、鉕、釤、銪、釓、鋱、鏑、鈥、鉺、銩、鐿、鎦、釔和鈧。雖然稀土礦在地球上的儲量不算稀少，但它們的分布極不均勻，且很難製備純度高的稀土元素，因而成為國際間爭相爭奪的戰略資源。中國向來是稀土的最大生產國，技術亦執世界之牛耳，除了中國之外，世界各國亦積極發展稀土工業，是值得我們關注的領域。

作者以其熟捻的專利分析，提供稀土材料科技應用的國際專利文獻作為案例，使得讀者閱讀本書可以有系統的瞭解，是本書的一大特點。芮博士對於稀土材料供應鏈的風險管理，亦有獨到的見解；發展稀土產業鏈，台灣未來能做些什麼，本書的建議及因應作為，對台灣發展稀土產業將會有很大的助益。本書不僅是業者開發稀土創新應用時的參考好書，也是一本探索知識與技能的教學用書，這是國內首見，非常值得推薦。

去年芮博士曾經貢獻心力攢研本社「稀土關鍵材料供應鏈危機下的衝擊與因應」智庫議題，表現非常傑出，實屬難得之人才。今適逢其出版《稀土材料的科技應用及供應鏈風險管理》一書，非常值得一讀，爰此推薦寫序闡之，與各位讀者分享。

財團法人中技社董事長

潘文炎

2023 年 5 月

推薦序2

本書作者芮嘉瑋博士，是國立台北工專化工科的畢業校友，他曾在本校接受扎實的專業知識和訓練，從而孕育出深厚的工程科技素養，奠定了今日「稀土材料的科技應用及供應鏈風險管理」大作的出版。

稀土是美國政府提出的四項關鍵產品供應鏈之一，重中之重而被列為關鍵礦物和材料，從電動車的電池、馬達到智慧型手機，甚至國防工業的導彈製造和美國最先進的 F-35 戰鬥機零件都少不了它。看了這本書，你將知道為何稀土材料不僅是國際間新的戰略資源，更是能源轉型趨勢下，綠能科技不可或缺的關鍵原材料。少了稀土關鍵元素有如烹調少一味之憾，因此而有「工業黃金」及「工業維他命」之美譽。

然而有工業維他命美譽的稀土，同時也是中國在貿易戰中的王牌槓桿。因此，歐美西方國家無不積極尋求中國以外的稀土供應鏈。近年來它已成了國際資源的焦點之一，如何尋找更多的供應來源，減少對單一地區的依賴，成為各國強化稀土關鍵材料穩定供應的終極對策和目標。

本書開宗明義點出全球淨零碳排趨勢下，潔淨能源需求敲響關鍵礦物供應警鐘，然後告訴讀者在所有關鍵礦物中，供應鏈風險最高之材料就是稀土，接著論述稀土用途及其廣泛的科技應用，諸如半導體、電動車永磁馬達、發光材料和醫學等領域都有稀土蹤影，最後對於強化稀土關鍵材料供應鏈及其風險管理，有精闢的見解。稀土供應風險，台灣能做什麼來避險？即便沒有天然礦藏，本書提供的因應作為，對台灣發展稀土產業有莫大的助益，值得一讀。

　　本書論述的知識性和邏輯性皆非常完整，非常適合用於大專院校教學參考書，讓學生深入了解稀土材料諸多的科技應用，爰此推薦寫序，藉此感謝作者貢獻其心力。

國立台北科技大學副校長

楊重光

2023 年 4 月

序言

　　全球在 2050 淨零排放的目標下，能源轉型勢在必行，刺激全球颳起潔淨能源風潮，進而驅動關鍵礦物需求成長；依據 IEA 的報告，預估未來的 30 年中，關鍵礦物的需求將成長近五倍之多。然而，在中國主宰全球關鍵礦產、控制供應鏈的局勢下，迫使歐美等主要國家相繼頒布新命令以確定關鍵礦物清單種類。在美國政府認定的 50 種關鍵礦物中，稀土是美國拜登政府列為四項關鍵供應鏈中的一項，重中之重，也被歐盟認定是所有關鍵材料存有供應鏈風險最高的原材料。它是高科技產品必備元素且應用廣泛，從 iPhone 到 Tesla 到 F-35，稀土元素都是必需品，綠能科技中諸如風力發電機與電動車永磁馬達在製造過程中都需要使用釹、鏑、鐠等稀土元素。半導體領域從研磨拋光到靶材，稀土都巧扮製程小幫手，創造工業維他命之效；稀土具抗炎殺菌、抗癌、抗凝血等獨特作用，使其在醫學領域新興應用的研究也越來越活躍，堪稱是人類一大福音。

　　中國在全球稀土的儲量、產量、進出口量和專利數量等諸多排名拔得頭籌，擁有多項第一的美譽，堪稱世界第一稀土大國，資源豐富的優勢，常藉此化為地緣政治背後有恃無恐的武器。中國實施稀土出口管制，掌握上游技術能力，存有供應不確定風險。稀土供應風險的危機，促使西方國家無不積極開發中國以外的稀土供應鏈，以減少對中國的依賴。國際間除了減量替代技術之外，亦積極開發綠色循環再利用技術，以強化稀土自主化能量。

芮嘉瑋

目錄

第一篇

關鍵原材料概論

「敬畏耶和華是智慧的開端；
　認識至聖者便是聰明。」
（箴言 9：10）

「悲觀者在每個機會中，看到的都是困難；
　而樂觀者則在每個困難中發現機會。」
—— 溫斯頓·邱吉爾

A pessimist sees the difficulty in every opportunity;

an optimist sees the opportunity in every difficulty.

— Winston Churchill

第一章 強化關鍵礦物穩定供應

　　礦物是由無機作用天然生成具有一定的化學成分、物理性質及規則原子排列的均質固體，於自然環境下由單一化學元素或無機化合物所組成，它是構成岩石、礦石、土壤等固態地球的基本物質[1]。歐盟、美國、日本、中國等國從經濟與國防安全、產業升級、供應風險等方面提出了「關鍵材料（critical materials）」或「關鍵礦物（critical minerals）」的名詞，意味著這些礦物或原材料屬於國家級戰略性礦產及重要稀有金屬的概念。綜觀各國對關鍵礦物的定義，可大致歸納為對國家安全、經濟和戰略至關重要的礦物、元素、物質或材料，且具有高度仰賴進口、低替代性與高供應風險等特性，並可在產品製造中發揮重要作用，而被視為國家戰略物資。

　　全世界訂定「2050 淨零排放」的目標，各國陸續提出「2050 淨零排放」的宣示與行動，臺灣也在 2021 年 4 月宣布加入一同邁向 2050 淨零碳排的挑戰。降低碳排放量的碳中和商機，已經成為未來 10 年的重大商機，因應碳中和、綠色減碳技術的發展，關鍵礦物將扮演重要角色，特別是應用於潔淨能源與電動車供應鏈等技術，包括風力發電機組和電動汽車的永磁材料、車輛輕量化的稀貴金屬以及儲能電池、燃料電池和氫燃料電池等先進電池之製備所需要的關鍵原材料。另外，關鍵礦物於半導體產業上諸如先進封裝、化合物半導體等至關重要的先進製程與應用，也都會是未來產業發展的重點。

　　雖然全球對關鍵礦物的需求正在增加，但由於關鍵礦產項目的市場、技術和商業風險，全球供應並不穩定。COVID-19 疫情、俄烏戰爭等國際事件的影響下，更加重了穩定供應鏈的必要性，各國越來越多地尋求獲得可靠、安全又有彈性空間的關鍵礦物供應來源，以鞏固國家的經濟和國防安全，並滿足各項尖端科技產業升級的需求。

1.1　潔淨能源需求敲響關鍵礦物供應警鐘 [2]

　　2021 年全球仍籠罩在 COVID-19（新冠肺炎）陰影之下，疫情帶來的挑戰持續驅動不同產業環境快速變化。許多新興科技順勢崛起，在疫情期間快速淬鍊，驅動

---

[1]　什麼是礦物？國立自然科學博物館，http://digimuse.nmns.edu.tw/Default.aspx?Domin=g&tabid=70&Field=m0&ContentType=Study&FieldName=&ObjectId=&Subject=&Language=CHI（最後瀏覽日期 2022 年 08 月 04 日）

[2]　芮嘉瑋，潔淨能源需求敲響關鍵礦物供應警鐘，DIGITIMES 電子時報，2022 年 2 月 25～28 日，11 版。

全球越加重視產業長期穩定供應鏈的重要性。隨著新興科技大量湧現，如何降低斷鏈風險並掌握關鍵供應鏈大權將是未來致勝關鍵。疫情所揭示的全球供應鏈的脆弱性以及來自中國的競爭加劇，只會加劇關鍵礦物供應鏈安全的重要性。關鍵礦物供應短缺，將使其應用在各種高科技產品的供應鏈遇上瓶頸，加上地緣政治影響出口而使價格飆漲。例如電動汽車產業會使用到鎂、釹等關鍵礦物，常因供應短缺而令價格走高。

　　礦物原料價格上揚，固然與新冠疫情、供應斷鏈有關。然而，近年來全球綠色能源轉型風潮驅使電動汽車、風力渦輪機等潔淨能源技術（clean energy technologies）正夯，也是促使包括稀土在內的關鍵礦物需求大增的主因。

全球颳起潔淨能源風潮

　　簡單先定義一下潔淨能源（clean energy），只要是不會對環境造成汙染、藉由大自然循環產生之源源不絕的能源，都歸類為潔淨能源，因此潔淨能源又稱為綠色能源（green energy）或再生能源（renewable energy）。綠色能源泛指不會排放汙染物而對環境相對友善的能源，例如低碳排放能源；再生能源泛指取之於大自然的能源，諸如太陽能、風能、水力能、生質能、地熱能、海洋能等透過自然界中可再生資源循環滋生的永續性能源[3]（圖1）。

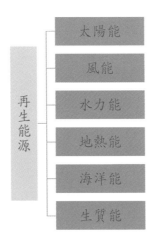

圖1　再生能源種類

圖片來源：作者改繪

3　美國環境保護署網站，https://www.epa.gov/greenpower/what-green-power；清潔能源—維基百科，自由的百科全書（wikipedia.org）

　　隨著 2050 年淨零碳排目標形成共識，氣候變遷議題頻頻傳出，潔淨能源的需求因此大幅增加，帶動綠色投資浪潮席捲全球股、債市，國內也颳起綠能、電動車等相關 ETF 風潮，ESG、綠色永續、低碳排放等幾乎已經是潔淨能源的代名詞。風潮帶動下，不僅相關的股市後市看好，各國政府因應氣候變化也相繼提出各項計畫。全球主要國家一系列減碳政策應運而生，紛紛投入潔淨能源的風潮，歐盟率先提出首個碳關稅計畫，即所謂的「碳邊境調整機制」（Carbon Border Adjustment Mechanism，簡稱 CBAM），有意對高碳排企業或自碳排標準較低的國家進口之產品課徵碳關稅。2020 年美國拜登在競選總統時提出的經濟振興計畫中，除了提振製造業和鼓勵創新外，還包括清潔能源計畫，宣稱用他所謂的清潔能源革命來因應氣候的變化：2021 年 3 月 31 日更宣布在他的 2.3 萬億美元的基建計畫中，包括了 4000 億用於潔淨能源項目。

　　近年全球興起綠色革命，為追求環境永續、打造綠色供應鏈，全球吹起潔淨能源風潮，已是勢不可擋的趨勢。掌握潔淨能源風潮，搭上順風車，以潔淨能源帶動產業升級，並促進潔淨能源技術投資，方能厚實臺灣國際競爭力。

COP26 助力潔淨能源邁向未來能源新主流

　　2020 年為全球史上第 3 熱年分，過去 6 年（2015～2020）和 10 年（2011～2020）平均溫度皆為有紀錄以來最高。溫室氣體造成的全球暖化與氣候變遷已成為國際間永續發展最關切的議題之一，依世界經濟論壇（World Economic Forum，簡稱 WEF）於 2021 年 1 月出版的《2021 年全球風險報告》（The Global Risks Report 2021）指出，氣候變遷相關議題列為風險最高的面向，牽涉到環境、經濟、地理政治、科技與社會等多元的層面[4]。為此，2021 年可說是淨零排放（net-zero emission, NZE）年，自年初的 G7 氣候領袖會議起，一直到 2021 年 10 月 31 日至 11 月 12 日在英國格拉斯哥市（Glasgow）舉行的第 26 屆聯合國氣候變遷大會（簡稱 COP26），追求淨零排放已成為全球共同的目標與趨勢，全球已有超過 130 個國家宣布推動淨零排放。在 COP26 最終達成的《格拉斯哥氣候協議》，傳遞了煤炭時代即將結束、化石燃料終將被淘汰的訊號。

　　國際淨零競賽已經鳴槍起跑，為了拚減碳，國內 8 科技巨頭組氣候聯盟，蔡總統也在 110 年國慶大會上發表環境永續的議題，宣稱我們已經和國際主流同步，並

4　The Global Risks Report 2021《2021 年全球風險報告》, World Economic Forum (WEF), Published on 19 January 2021, https://www.weforum.org/reports/the-global-risks-report-2021

宣示 2050 淨零排放目標與各界一起規劃路徑圖。邁向 2050 淨零願景，未來策略將推動從低碳到零碳的淨零轉型架構。淨零排放將帶動能源轉型，而潔淨能源技術正是邁向淨零的關鍵技術，COP26 助力潔淨能源邁向未來能源產業新主流。

潔淨能源帶動關鍵礦物需求成長

　　長期研究美國能源政策、能源安全和關鍵礦物的戰略暨國際研究中心（Center for Strategic and International Studies, CSIS）的資深研究員 Jane Nakano 表示，隨著潔淨能源技術成為地緣經濟競手的最新趨勢，關鍵礦物的供應鏈安全已成為攸關全球經濟與國安的戰略問題，包括稀土在內與潔淨能源相關的礦物需求，預計將呈指數性的成長[5]。

　　全球致力於能源轉型，對關鍵礦物的需求是長期永續且快速成長的。基於國際非政府組織「國際能源署」（International Energy Agency, IEA）於 2021 年 5 月公布的一份報告[6]，揭示了全球潔淨能源轉型趨勢下，能源產業將會成為消耗最多礦物的產業；而潔淨能源技術作為能源轉型的一部分，其快速的布局更意味著對關鍵礦物的需求顯著增加。圖 2 顯示潔淨能源技術對關鍵礦物的需求，不僅有別於傳統石化能源技術的動力能源系統，更因潔淨能源技術崛起帶動了關鍵礦物的需求大幅提升。該報告同時指出，各別應用領域下之潔淨能源與傳統能源對礦物需求的程度差異甚大，例如運輸（transport）領域中之電動汽車需要大量的銅（Copper）、鎳（Nickel）、石墨（Graphite），以及鋰（Lithium）、錳（Manganese）、鈷（Cobalt）和稀土（rare earth），而傳統汽車製造只需要相對少的銅和錳。再者，發電（power generation）領域中之離岸風力發電（offshore wind power）需要大量的銅（Copper）與鋅（Zinc），以及鎳（Nickel）、錳（Manganese）、鉻（Chromium）、鉬（Molybdenum）以及稀土（rare Earth），相較之下，陸域風力發電（onshore wind power）不需要稀土金屬，且銅（Copper）的需求量亦相對減少許多。此外，太陽能發電則對銅和矽（Silicon）需求量較大。因此我們可以歸納出，無論是電動汽車或者是離岸風電，這些屬於潔淨能源範疇下的新興科技，其所需要的關鍵礦物大致上都高於傳統能源產業對該等礦物的需求。

5　Jane Nakano, The Geopolitics of Critical Minerals Supply Chains, 2021 March 11, https://www.csis.org/analysis/geopolitics-critical-minerals-supply-chains

6　The Role of Critical Minerals in Clean Energy Transitions, World Energy Outlook Special Report, IEA, 2021 May, https://iea.blob.core.windows.net/assets/24d5dfbb-a77a-4647-abcc-667867207f74/TheRoleofCriticalMineralsinCleanEnergyTransitions.pdf

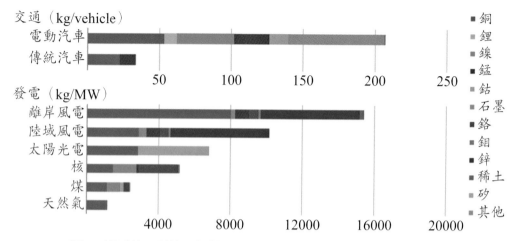

圖 2　潔淨能源科技崛起帶動關鍵礦物需求提升（有別於傳統能源）

圖片來源：International Energy Agency (IEA)

能源轉型需要大量關鍵礦物 [7]

　　能源轉型需要大量的關鍵礦物，意味著這些礦物的供應需求已浮現出一個重要增長的領域，清潔能源轉型所需的礦產開採增長非常迅速。依據 IEA 的報告[8]，到 2050 年淨零路徑中全球能源安全指標（圖 3），顯示關鍵礦物的需求將從 2020 年的大約 8 百萬噸增長到 2050 年的 4 千多萬噸，預估未來的 30 年中，關鍵礦物的需求將成長近 5 倍之多。其次，石油供應量的減少也將從 2020 年每天的 9 千多萬桶下降至 2050 年每天 2 千多萬桶，以及太陽光電（solar PV）和風能（wind）在發電中的份額預估到 2050 年將成長近 7 倍。

　　同一份報告中顯示自 2020 年到 2050 年，煤炭需求迅速下降（尤其至 2030 年的 10 年間下降最快），原材料礦產的需求迅速增加，這些關鍵礦物包括諸如銅、鋰、鎳等對許多潔淨能源技術至關重要的原材料。這些關鍵礦物的全球需求正迅速增加也代表著總收入將大幅增長（圖 4），到 2040 年這些礦物的全球市場規模將接近目前的煤炭市場。銅、鈷、錳和各種稀土金屬等關鍵礦物的總市場規模，在 2020 年至 2030 年間在淨零路徑中增長了近 7 倍，其中主要用於製造電動汽車和風力渦輪機的稀土金屬的需求，到了 2030 年將增長 10 倍。這對礦業公司而言，為它們創造了大量的新機會。

7　芮嘉瑋，能源轉型刺激全球潔淨能源與關鍵礦物需求成長，CTIMES 第 363 期，2022 年 2 月號，頁 18-22。

8　Net Zero by 2050, A Roadmap for the Global Energy Sector, IEA Special Report, 2021, pp. 24, https://iea.blob.core.windows.net/assets/4719e321-6d3d-41a2-bd6b-461ad2f850a8/NetZeroby2050-ARoadmapfortheGlobalEnergySector.pdf

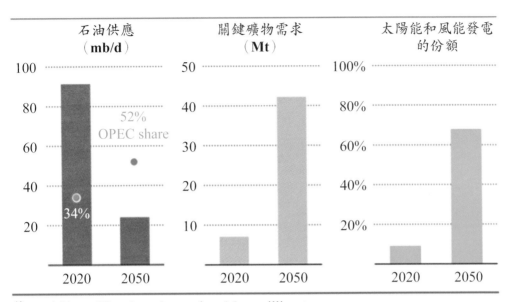

註：mb/d = million barrels per day; Mt = million tonnes.

圖 3　到 2050 年淨零路徑中全球能源安全指標

圖片來源：International Energy Agency (IEA)

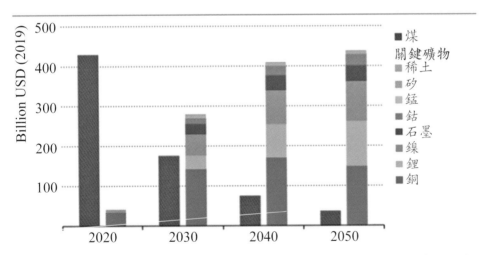

The market for critical minerals approacthes that of coal today in the 2040s

圖 4　煤炭及用於潔淨能源技術之特定關鍵礦物的需求消長

圖片來源：International Energy Agency (IEA)

為實現 2050 淨零排放的願景，電氣化（electrification）取代化石燃料是淨零減排最重要驅動因素之一，預估到 2050 年，運輸用電池的需求是 2020 年的 90 倍（達到 14 TWh[9] 左右）。電池需求的增長意味著對關鍵礦物的需求不斷增加，例如用於電池的關鍵礦物鋰金屬的需求到 2030 年將增長 30 倍，到 2050 年將比 2020 年增長 100 倍以上。

能源轉型需要大量的關鍵礦物，尤其對許多潔淨能源技術不可或缺的關鍵礦物（例如銅、鋰、鎳、鈷和稀土元素）的需求將大幅增加。然而，這些關鍵礦物的供應若跟不上快速增長的需求，新的能源安全問題會層出不窮，導致價格波動、過渡的額外成本等問題產生。

潔淨能源技術對礦物需求產生重大影響

與基於化石燃料的發電相比，潔淨能源轉型預計將更加密集地使用礦物。世界銀行集團（World Bank Group）在 2020 年 5 月發布《礦產品促氣候行動：清潔能源轉型的礦產消耗強度》的一份報告[10] 發現，為滿足對潔淨能源技術日益增長的需求，諸如石墨、鋰和鈷等礦物產量的需求，到了 2050 年將增加近 5 倍。報告還指出，為實現將全球升溫控制在 2℃ 以內的目標，將需要超過 30 億噸的礦產品和金屬產品，以利發展所需要的風能、太陽能、地熱能和儲能等潔淨能源技術，且各別技術對礦物的需求程度亦有所差異，圖 5 顯示到 2050 年各別不同的潔淨能源技術對礦物需求的份額，顯示**潔淨能源技術部署的任何變化都對某些礦產品需求產生重大的影響。**

---

9   TWH 的全稱是：Tera Watt Hour(s)，即太（拉）瓦時 =10^9 kWh。如：平時我們說的 1 度電其實就是 1KWh（1000W 功率一小時），1TWh=1000GWh=10^6 MWh=10^9 kWh。

10 Kirsten Hund, Daniele La Porta, Thao P. Fabregas, Tim Laing & John Drexhage, Minerals for Climate Action: The Mineral Intensity of the Clean Energy Transition, The World Bank Group, 11 May 2020, https://pubdocs.worldbank.org/en/961711588875536384/Minerals-for-Climate-Action-The-Mineral-Intensity-of-the-Clean-Energy-Transition.pdf

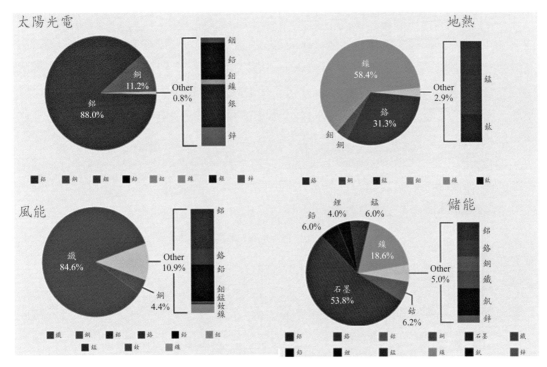

圖 5　到 2050 年不同的潔淨能源技術對礦物需求的份額

圖片來源：作者改繪自 World Bank Group[11]

強化關鍵礦物供應鏈減少對進口的依賴

　　潔淨能源風潮帶動與減碳目標相關的新興科技崛起，進而驅動關鍵礦物需求不斷增長。美國總統拜登為此已下令檢視美國關鍵產品供應鏈狀況[12]，尤其審查關鍵產品對外國依賴的程度，包括稀土在內攸關經濟與國防安全的關鍵礦物都在檢視範圍內，目的是加強美國供應鏈以減少美國對其他國家的依賴。此外，2018 年 2 月 16 日前任總統川普簽署一項攸關國安和可靠供應的聯邦戰略，稱之為 13817 號行政命令，確認了包括稀土在內對經濟和國防有關鍵地位的 35 種關鍵礦物[13]。

11　同前註，page 40, 46, 51, 61.

12　美國總統拜登於 2021 年 2 月 24 日簽署了一項行政命令，指示聯邦政府針對半導體（晶片）、電動汽車的電池、稀土金屬和藥品等四項關鍵產品的供應鏈進行為期 100 天的審查，參見 https://www.whitehouse.gov/briefing-room/speeches-remarks/2021/02/24/remarks-by-president-biden-at-signing-of-an-executive-order-on-supply-chains/

13　Jeff Desjardins, 35 Minerals Absolutely Critical to U.S. Security, 2018 Feb. 23, https://www.visualcapitalist.com/35-minerals-critical-security-u-s/

　　當國家將關鍵礦物視爲戰略性的資產時，就會跳脫傳統供應者的角色。中國將占有全球關鍵戰略物資的市場視爲一項國家政策，而這些關鍵物資的全球供應鏈若過於集中在中國，將給其他國家帶來經濟和國安的風險。尤其是高科技產業必備的稀土金屬，有所謂「工業黃金」或「工業維生素」之稱，可謂重中之重，面對中國壟斷，全球已開發國家無不思考如何強化供應鏈的問題，提出對策來減少（甚至中斷）對中國進口的依賴。

　　這種關鍵礦物供應鏈短缺的思維下，存有供應不確定的風險，不僅對各國發展潔淨能源相關科技產業造成巨大衝擊，同時也對各國關鍵礦物供應鏈的安全敲響警鐘，促使全球製造商必須以一種新的方式來思考供應鏈問題。可以預見的是，包括稀土在內的 35 種關鍵礦物的完整且強韌安全的供應鏈體系絕對是未來潔淨能源競賽中致勝的關鍵。

1.2　關鍵礦物集中於少數國家

　　圖 6 顯示關鍵礦物蘊藏量高度集中於少數國家的現象更甚於石油或天然氣，鋰、鈷、稀土的世界前三大生產國控制著超過四分之三的全球產量。在某些情況下，甚至有一個國家的產量就超過全球產量一半的情況 [14]。

　　鈷（Cobalt）是鋰離子電池生產中的一種關鍵礦物，廣泛應用在智慧型手機和電動汽車等產業，在傳導熱量及防止著火上扮演著重要角色：2019 年全球 70% 以上的鈷供應來自剛果民主共和國（DR Congo，簡稱 DRC），剛果的上游鈷礦物有八成以上是由中資企業在當地或出口到中國精鍊而將原料轉爲商業級鈷金屬，使中國成爲世界最主要的精鍊鈷產品生產國，更在原始鈷的加工中占主導地位。

　　被認爲未來將取代化石燃料且有「白色石油」（white petroleum）之稱的鋰（Lithium），有 80% 以上的供應來自澳洲、智利與中國，特別是中國不僅在國內開採，基於龐大的需求，更不斷地嘗試控制世界各地的鋰礦，包括入主澳洲和南美的礦業股份，例如中國的天齊鋰業曾擁有全球最大、位於澳洲 Greenbushes 的鋰礦公司 51% 股份 [15]。

---

[14] The Role of Critical Minerals in Clean Energy Transitions, World Energy Outlook Special Report, IEA, 2021 May, https://iea.blob.core.windows.net/assets/24d5dfbb-a77a-4647-abcc-667867207f74/TheRoleofCriticalMineralsinCleanEnergyTransitions.pdf

[15] 徐子軒，老司機之爭？美中稀土大戰與「電池中國化」的衝突倒數，udn 轉角國際，2021 年 3 月 15 日，https://global.udn.com/global_vision/story/8663/5318503（最後瀏覽日期：2021 年 11 月 29 日）

　　中國無論在稀土的儲量、產量和出口方面皆居全球之冠，全球 60% 稀土元素由中國供應，加工業集中度更高達 85%。不僅如此，全球將近 90% 的稀土冶煉技術都得仰賴中國。若是關鍵礦物的進口高度仰賴特定國家，很容易受到地緣政治影響而使供應風險提高；地緣政治風險影響供給安全，衍生能源安全問題。

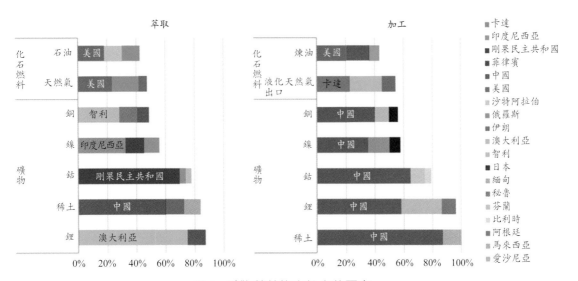

圖 6　礦物蘊藏集中於少數國家

圖片來源：International Energy Agency (IEA)

1.3　美國法律定義的關鍵礦物及風險管理 [16]

　　2020 年美國能源法案將「關鍵礦物」定義為對美國經濟或國家安全至關重要的礦物、元素、物質或材料，且其供應鏈易受中斷，並在產品製造中發揮重要作用 [17]。其中，供應鏈之所以容易受到破壞，與外國政治風險、軍事衝突、暴動、反競爭或保護主義行為以及整個供應鏈的其他風險相關的限制有關聯，這也是當前的俄烏戰爭浮現出脆弱的關鍵礦產供應鏈的瓶頸和風險。此外，此類礦物日益成為政策制定者關注的焦點，因為它們是半導體、航太、國防、可再生能源、電池、消費電子和醫療保健相關應用等關鍵產業的原材料，如果產品製造中缺少這些礦物發揮其特殊的重要作用及功能，將對產品性能產生重大影響，不僅具有戰略性意義，

16　芮嘉瑋，俄烏戰爭正重塑關鍵礦物供應鏈版圖，CTIMES 第 371 期，2022 年 10 月號，頁 41。

17　參見 Section 7002(c), "Energy Act of 2020," US Senate Appropriations, December 21, 2020, https://science.house.gov/imo/media/doc/Energy%20Act%20of%202020.pdf

在能源轉型中的需求也日漸增長[18]。例如，據國際能源署（IEA）的估計，用於潔淨能源技術相關的應用，其關鍵礦物需求到 2040 年將增長 4 倍，特別是與電動汽車及其電池儲能相關礦物需求高速增長。與電動車用之鋰離子電池生產相關的鋰、石墨、鈷、鎳等 4 種礦物和稀土元素的需求，倍數增長如圖 7 所示，2040 年相對於 2020 年，鋰金屬成長將超過 40 倍，石墨、鈷和鎳也大約會有 20 至 25 倍的增長。

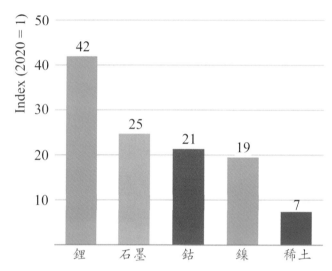

圖 7　與電動車及電池儲能相關礦物需求增長（2040 相對於 2020 年）

圖片來源：IEA[19]

　　為管理這些對美國經濟和國家安全具有潛在風險的關鍵礦物，2021 年 2 月，拜登政府啟動了對美國經濟中四項關鍵產品[20]的供應鏈進行為期 100 天的審查，審查包括稀土礦物以及用於電動車鋰離子電池製造的礦物（鋰、鈷、鎳和石墨）和組件[21]。2022 年 3 月跟進承諾使用《國防生產法》來加強關鍵礦物的供應，為新採礦

18　芮嘉瑋，能源轉型刺激全球潔淨能源與關鍵礦物需求成長，CTIMES 第 363 期，2022 年 2 月號，頁 18-22。

19　"The Role of Critical Minerals in Clean Energy Transitions," IEA World Energy Outlook Special Report, March 2022, https://iea.blob.core.windows.net/assets/ffd2a83b-8c30-4e9d-980a-52b6d9a86fdc/TheRoleofCriticalMineralsinCleanEnergyTransitions.pdf

20　美國總統拜登於 2021 年 2 月 24 日簽署了一項行政命令，指示聯邦政府針對半導體（晶片）、電動汽車的電池、稀土金屬和藥品等四項關鍵產品的供應鏈進行為期 100 天的審查。

21　"Fact Sheet: Biden-Harris Administration 100-Day Battery Supply Chain Review," US Department of Energy, June 8, 2021, https://www.energy.gov/articles/fact-sheet-biden-harris-administration-100-day-battery-supply-chain-review

項目的可行性研究提供政府資金，同時支持從廢礦中提取礦物的創新[22]，目的是加強美國關鍵礦物供應鏈以減少對外國製造的依賴。

1.4　歐盟對關鍵性原材料制定新戰略[23]

　　無獨有偶，同樣爲減少在關鍵領域對外國的依賴，2021 年 5 月 5 日歐盟爲此更新了於 2020 年 3 月 10 日首次發布的歐盟產業策略（EU Industrial Strategy）[24]，目的是對於包括關鍵原材料在內的 6 個戰略領域[25]，能夠減少對中國和其他國家供應的依賴。因爲自 2020 年以來，全球新冠疫情的大擴散擾亂了全球供應鏈，歐盟爲此更加迫切地意識到穩定關鍵供應鏈的重要性。

　　經濟重要性和供應風險是歐盟用於確定關鍵性原材料（critical raw materials）重要性的兩個主要因素。歐盟委員會每三年審查一次歐盟的關鍵原材料清單，歷年來基於數據最新的演變，該等原材料自 2011 年的 14 種材料，2014 年的 20 種材料，2017 年的 27 種材料，以及 2020 年歐盟清單包含了 30 種關鍵性原材料（表 1）[26]。該清單有助於確定歐盟投資需求及國家級計畫下研究和創新的方向，歐盟委員會在談判貿易協定時也會考慮這些對國家經濟與國安至關重要的元素。

　　爲減少對國際供應鏈的依賴，在歐盟對關鍵性原材料的一項新戰略中，制定了推動供應鏈多樣化以及資源再利用等兩項措施。在供應鏈多樣化方面，要求各成員國在本國落實 2025 年以前可以啓動的採礦和加工專案，以保障原材料來源不因供應鏈中斷而受損；在資源再利用方面，則鼓勵透過資源的循環、回收再利用以減少依賴性。此外，歐盟也強調當其他國家限制關鍵原材料的出口時，應當採取必要的行動以取消出口限制。例如，2012 年歐盟、美國和日本在向世界貿易組織（WTO）

22　"Memorandum on Presidential Determination Pursuant to Section 303 of the Defense Production Act of 1950, as amended," Presidential Determination No. 2022-11, US White House, March 31, 2022, https://www.whitehouse.gov/briefing-room/presidential-actions/2022/03/31/memorandum-on-presidential-determination-pursuant-to-section-303-of-the-defense-production-act-of-1950-as-amended/ and https://www.washingtonpost.com/climate-environment/2022/03/30/critical-minerals-defense-production-act/

23　芮嘉瑋，俄烏戰爭正重塑關鍵礦物供應鏈版圖，CTIMES 第 371 期，2022 年 10 月號，頁 41-42。

24　歐盟產業策略首次發布於 2020 年 3 月 10 日（世界衛生組織宣布 COVID-19 爲全球流行傳染病的前一天），爲因應 COVID-19 大流行及促進疫後經濟轉型而在 2021 年 5 月 5 日重新調整了歐盟產業策略。

25　6 個戰略領域係包括原材料、原料藥、半導體、電池、氫能以及雲端運算等。

26　Critical Raw Materials Resilience: Charting a Path towards greater Security and Sustainability, European Commission, published on 2020 March 9, https://eur-lex.europa.eu/legal-content/EN/TXT/?uri=CELEX:52020DC0474#footnote8

表 1　2020 年歐盟確認 30 種關鍵性原材料清單

2020 歐盟關鍵性原材料清單		
銻（Antimony）	鉿（Hafnium）	磷（Phosphorus）
重晶石（Baryte）	重稀土元素（heavy rare earth elements）	鈧（Scandium）
鈹（Beryllium）	輕稀土元素（light rare earth elements）	金屬矽（Silicon metal）
鉍（Bismuth）	銦（Indium）	鉭（Tantalum）
硼酸鹽（Borate）	鎂（Magnesium）	鎢（Tungsten）
鈷（Cobalt）	天然石墨（natural graphite）	釩（Vanadium）
焦煤（coking coal）	天然橡膠（natural rubber）	鋁土礦（Bauxite）
氟石（Fluorspar）或稱螢石（Fluorite）	鈮（Niobium）	鋰（Lithium）
鎵（Gallium）	鉑族金屬（Platinum group metals）	鈦（Titanium）
鍺（Germanium）	磷礦石（Phosphate rock）	鍶（Strontium）

資料來源：European Commission

提起的訴訟中獲勝，迫使中國放棄對關鍵原材料的出口限制。在 COVID-19 疫情爆發後，歐盟單一市場受到了供應限制、邊境關閉和分裂的嚴重考驗，這場危機突顯了加強歐盟單一市場復原力及韌性的必要性。同時，充分因應 COVID-19 疫後時代推動永續、韌性和全球競爭力的經濟轉型，歐盟在其制定的新戰略中，正採取行動減少關鍵領域對中國的依賴。

1.5　小結：強化關鍵礦物穩定供應之建議

　　疫情、俄烏戰爭等國際事件加劇能資源供應中斷風險，我國能資源中之關鍵礦物多仰賴進口，易受外在環境及國際事件衝擊。對於國內有供應鏈風險之關鍵礦物，在壟斷及斷料危機下，可進一步考量可行之因應對策，例如關鍵物料篩選原則及建議清單。美國 2022 年關鍵礦物種類維持 50 種，歐盟依據 2020 年資料為 30 種，日本依據新國際資源戰略 2020 年有 34 種，美、日、歐等國都有對經濟與國家安全至關重要的關鍵礦物提出清單，我國行政院環境保護署也曾就經濟重要性、供給風險及環境影響於 2017 年篩選 10 大關鍵物料，然而，時至今日，新興科技的崛起和

潔淨能源風潮下所需的關鍵礦物清單需要不斷地被檢視且再次更新，才能讓各產業的產品中可發揮重要作用的關鍵原材料（critical raw material）真正受到重視。

　　以高科技關鍵材料重中之重的「稀土」為例，它是電動車用馬達及離岸風電風力發電機之永磁材料中不可或缺的重要組成。穩定國內稀土關鍵材料供應的因應作為，包括努力開發中國以外之稀土供應鏈、稀土元素減量使用技術、稀土替代材料的開發或使用低階稀土替代可行性、政府設立稀土原料庫存機制以及稀土回收再利用技術等都是穩定國內稀土供應的解決之道。這方面將在第九章詳述。當國家將關鍵礦物視為戰略性的資產時，如何強化關鍵礦物供應鏈，建立完整且強韌安全的關鍵礦物供應鏈體系，是能源轉型強化穩定供應及風險管理的致勝關鍵。

.

第二章 俄烏戰火引爆產業供應瓶頸，誰是戰爭的最後贏家？[1]

---

[1] 芮嘉瑋，斷鏈疑慮浮升俄烏戰火引爆產業供應瓶頸，CTIMES 第 367 期，2022 年 6 月號，頁 20-24；芮嘉瑋，俄烏戰爭正重塑關鍵礦物供應鏈版圖，CTIMES 第 371 期，2022 年 10 月號，頁 40-43。

　　砲火、坦克、斷壁殘垣、傷亡畫面……，俄烏戰爭緊緊吸引全球目光，全世界都能感受到戰爭帶來的影響，且影響的程度取決於戰爭持續多久。在俄烏緊張局勢的不斷升級下，歐洲股市、美股期貨、亞太市場和俄羅斯股市均出現大幅下跌的情況，不過與能源、農產品和稀貴金屬相關的商品價格卻逆市上漲，主要是因為俄羅斯入侵烏克蘭，美歐國家傾向祭出各類制裁，包括阻斷許多大宗商品自俄出口，造成供應中斷的情況出現。當稀有與貴重金屬已成為「誰是老大」的籌碼，俄羅斯礦物資源豐富的優勢，將礦物化為地緣政治背後有恃無恐的武器。斷鏈危機引發商品成本上揚的壓力，恐引爆後續一連串漲價效應，使得近來全球關注的通膨問題將更趨嚴重。國際貨幣基金組織（IMF）警告，俄烏之戰以及俄羅斯因此遭受的制裁，對全球經濟和金融市場產生重大影響，各地央行需要密切關注國際價格上漲對本地通膨的傳導效應，並研究適當的應對措施。

2.1　大宗商品的生產及出口大國：俄羅斯

　　俄羅斯境內擁有豐富天然資源，是許多能源、農產品和稀貴金屬等相關大宗商品的生產及出口大國。

能源方面

　　俄羅斯在石油、天然氣和煤炭等能源方面的產量及出口都位居世界上舉足輕重的地位。俄羅斯是世界第三大石油生產國，僅次於美國和沙烏地阿拉伯，日產量為1,100 萬桶（bpd）。它與沙烏地阿拉伯爭奪世界最大石油出口國的頭銜，每天約有700 萬桶原油和石油產品出口到國外，其中亞洲約占一半，而歐洲、美國和世界其他地區則占其餘部分。俄羅斯也是僅次於美國的世界第二大天然氣生產國和最大的出口國，其流量主要流向歐洲，滿足了非洲大陸 40% 的天然氣需求。俄羅斯是歐盟最大的能源供應國；歐盟約 40% 的天然氣進口和近 66% 的原油進口都來自俄羅斯。此外，俄羅斯是世界第六大煤炭生產國，煤炭產量 4 億噸，占全球產量的 5%以上。

農產品方面

　　俄羅斯和烏克蘭都是主要的小麥供應國，合計占全球出口的 29%。俄羅斯是世界上最大的小麥出口國，占國際出口的 20%；而烏克蘭小麥出口占國際出口的10%。烏克蘭是世界四大玉米出口國之一，玉米出口占比超過 10%。這兩個國家還

占全球葵花籽油出口的 80% 左右。

稀貴金屬方面

　　俄羅斯在鋁、鈀、鎳、鉑金、銅、鈷、海綿鈦、黃金和鋼鐵等金屬都是世界上主要生產國。俄羅斯是僅次於中國的原鋁生產大國，其最大鋁生產商俄羅斯鋁業聯合公司〔United Company Rusal PLC，簡稱：俄鋁（RUSAL）〕，在 2021 年生產了 380 萬噸鋁，估計約占世界產量的 6%，是中國以外世界上最大的鋁生產商。歐洲、亞洲和北美是俄鋁的主要市場。

　　總部設於俄羅斯首都莫斯科的 Nornickel（諾爾里斯克鎳），是俄羅斯採礦和金屬行業的領導者，也是全球最大的鎳（Nickel, Ni）、鈀（Palladium, Pd）和鉑金（Platinum, Pt）的主要生產商之一。Nornickel 鈀的生產量全球第一（占市場份額的 40%），2021 年生產了 260 萬金衡盎司的鈀金，占全球礦山產量的 40%。Nornickel 鎳的生產量全球第二（占市場份額的 12%），2021 年生產了 193,006 噸鎳，約占全球礦山鎳產量的 7%。Nornickel 鉑金的生產量全球第四（占市場份額的 11%），2021 年生產了 641,000 盎司鉑金，約占全球礦山總產量的 10%。Nornickel 也是一家領先的銅生產商，也生產金、銀、銠、硒、釕和碲。根據美國地質調查局的數據，俄羅斯 2021 年生產了 92 萬噸精煉銅，約占世界總產量的 3.5%，其中 Nornickel 生產了 406,841 噸銅。亞洲和歐洲是主要的出口市場。

　　鈷的生產量全球第五。按美國地質調查局（United States Geological Survey，簡稱 USGS）的數據，俄羅斯在 2021 年生產了 7,600 噸鈷，占全球總產量的 4% 以上，是全球第二大生產國，落後剛果民主共和國的 12 萬噸產量。據美國地質調查局的數據，2021 年俄羅斯與烏克蘭各別生產了 27,000 噸和 5,400 噸的海綿鈦（Titanium sponge）金屬，占全球總量 210,000 噸的 15%。俄羅斯是僅次於澳大利亞和中國的世界第三大黃金生產國，2021 年黃金產量約占全球金礦產量 3,500 噸的 10%。根據世界鋼鐵協會的數據，俄羅斯生產了 7,600 萬噸鋼鐵，占全球總量的近 4%。

　　針對以稀貴金屬為主之大宗商品，根據加拿大自然資源部（Natural Resources Canada）及美國地質調查局（USGS）的資料顯示，俄羅斯在 2021 年全球關鍵礦產年產量排名上舉足輕重、不容忽視，尤其是鎳、鉑金等稀貴金屬之年產量更是超越了中國（圖 1）。

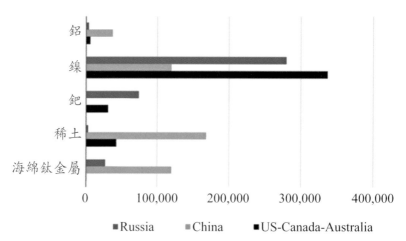

圖 1　鋁、鎳、鉑金、稀土、海綿鈦等關鍵礦產 2021 年年產量（單位 1,000 噸）

圖片來源：Columbia/SIPA[2]

2.2　缺料風險衝擊產業供應：以稀貴金屬爲例

　　根據倫敦路透社 2022 年 3 月 4 日新聞，俄羅斯入侵烏克蘭，引發歐美西方國家對俄羅斯實施嚴厲的制裁，可能阻斷俄羅斯相關原料的出口，加劇了人們對俄羅斯生產和出口主要商品的供應鏈隱憂，包括能源、農產品和稀貴金屬等大宗商品供應面臨風險，恐對製造業釀成斷鏈危機。

　　以稀貴金屬爲例，俄烏衝突對供應鏈的影響，牽動全球半導體、電動車、不鏽鋼、智慧手機等各大產業，俄羅斯和烏克蘭上游供應商的中斷將進一步削弱全球供應鏈。俄羅斯是鈀金、白金、鎳、鋁、鈦等多種對國家經濟和國家安全利益至關重要礦產的大宗出口國。俄羅斯掌控全球近半數用於廚具、手機、醫療設備、運輸和建築的鎳出口，還有近半數用於汽車觸媒轉換器、手機、感測器、記憶體、電極、甚至牙科填充物及用於半導體後段封裝製程的鈀金出口，以及全球四分之一用於汽車、建築、機械和包裝的鋁出口。其中，鈀金是受烏克蘭危機影響最顯著的關鍵礦物之一，因爲它是汽車和半導體產業的關鍵材料，俄羅斯供應全球近 37% 的

2　Robert ("RJ") Johnston, Supply of Critical Minerals Amid the Russia-Ukraine War and Possible Sanctions, Center on Global Energy Policy at Columbia University SIPA, APRIL 19, 2022, https://www.energypolicy. columbia.edu/research/commentary/supply-critical-minerals-amid-russia-ukraine-crisis-and-possible-sanctions

產量[3]，美國 35% 的鈀金來自俄羅斯；第二大鈀生產國是南非，但過去 10 年來一直受採礦罷工的打擊[4]。再者，用於半導體曝光、蝕刻製程的氦、氖、氬、氪和氙等氣體也來自俄烏地區，美國逾 90% 半導體等級用的氖來自烏克蘭，俄羅斯也是氖的主要來源。俄烏戰火可能使半導體業受缺料影響衝擊供應鏈。此外，俄羅斯是世界第三大海綿鈦生產國，鈦金屬對航空和國防應用具有至關重要的戰略意義。美國航空巨頭波音公司也加入這波制裁行列，宣布暫停從俄羅斯購買鈦[5]，對航空業影響甚鉅。

2.3　俄烏之戰對稀土供應是否帶來影響？

從全球稀土儲量來看，依 2020 年美國地質調查局（USGS）資料顯示，依序為中國、越南、巴西、俄羅斯和印度，其中俄羅斯 1,200 萬噸、排名第四。從產量上來看，依序為中國、美國、緬甸、澳大利亞、馬達加斯加，俄羅斯年產量 2,700 噸，位居世界第七[6]。烏克蘭的稀土儲量和產量均未列入世界排名，表示該國對稀土領域的影響力較小。中國則是稀土儲量和生產的最大國家，占比遠遠超過俄羅斯。

概括地說，短時間內，俄烏衝突對稀土供應方面應不會有太大影響。然而，稀土共有 17 種元素，「鈧」是其中一種重要的稀土金屬，俄羅斯是全球三大生產國之一，也是進口美國鈧金屬的主要來源國之一。鈧經常應用在鋁鈧合金和固態氧化物燃料電池（SOFC），鈧鋁合金具有高強度、重量輕的優點，廣泛用於航空和國防領域[7]。俄羅斯就將鈧鋁合金用於飛機結構零件上；棒球棒、自行車架等運動器材也有它的蹤跡。過去從俄羅斯進口鈧及鈧鋁合金的國家和跨國企業，可能需要尋求其他替代來源了。

3　"Mineral Commodity Summaries 2022 - Platinum," US Geological Survey, January 2022, https://pubs.usgs.gov/periodicals/mcs2022/mcs2022-platinum.pdf

4　Vladimir Basov, "Sibanye-Stillwater receives strike notice from two South African unions," Kitco, March 8, 2022, https://www.kitco.com/news/2022-03-08/PGM-producer-Sibanye-Stillwater-receives-strike-notice-from-two-South-African-unions.html

5　Aishwarya Nair and Tim Hepher, "Boeing suspends Russian titanium as Airbus keeps buying," Reuters, March 7, 2022, https://www.reuters.com/business/aerospace-defense/boeing-suspends-part-its-business-russia-wsj-2022-03-07/

6　Nicholas LePan, Rare Earth Elements: Where in the World Are They? November 23, 2021, https://www.visualcapitalist.com/rare-earth-elements-where-in-the-world-are-they/

7　"Mineral Commodity Summaries 2022 - Scandium," US Geological Survey, January 2022, https://pubs.usgs.gov/periodicals/mcs2022/mcs2022-scandium.pdf

此外，歐洲有 98% 的稀土供應都來自中國，但仍有少部分來自俄羅斯。位於波羅的海愛沙尼亞的一家稀土分離工廠，70% 的稀土原料都採購自俄羅斯，然後再分離成單獨的稀土元素，並賣給下游的歐洲客戶；一旦美歐持續擴大對俄制裁，愛沙尼亞工廠恐被波及，對稀土供應造成影響，在歐洲引發連鎖反應。中國在分離高純度稀土化合物方面擁有絕對的優勢，原本從愛沙尼亞工廠採購稀土產品的歐洲企業，極可能會將目光轉向中國，在轉單效應下，歐洲就更難擺脫對中國稀土的依賴了。歐洲在稀土等許多重要材料及能源的供應上依賴俄羅斯，一旦對俄制裁使得這些供應鏈受到衝擊，短期內歐洲能找到的下一個替代來源肯定是中國。

歐盟在減少對中國稀土的依賴上一直都不遺餘力，包括 17 億歐元的稀土產業投資計畫，但從目前的窘境來看，這計畫可能落空。在全球化之下，歐隨美一同挑起俄烏緊張局勢，對俄羅斯放出的每一支利箭，都可能傷及自身。對俄制裁打亂了稀土供應，歐洲買家紛紛轉向中國，這下子美將更難擺脫對中的依賴。

2.4　企業首要制定關鍵材料戰略庫存政策

俄羅斯是全球第十一大經濟體。這次歐美對俄祭出嚴厲制裁，將是史上第一次將一個大經濟體剔除於世界之外，也是對世界文明的一大衝擊，供應鏈的脆弱性將首當其衝。建構強韌供應鏈，必須有厚實的政策支持。跨國企業應制定關鍵材料的戰略庫存政策，減輕俄烏衝突的風險。例如，鈀和氖是半導體生產製程中高度依賴俄羅斯供應來源的兩大關鍵元素，半導體相關產業應採取行動增加鈀和氖的庫存，一方面提高自給、一方面穩定調度，原物料之確保能力正考驗著這些半導體大廠面臨供應風險的應變之道。俄烏戰火下，制定關鍵材料戰略庫存乃是企業生存之道！

2.5　俄烏戰爭爆發，綠能相關產業漲幅顯著

俄烏戰爭從 2022 年 2 月 24 日爆發至今，綠能產業漲幅顯著，例如標普全球潔淨能源指數自俄烏戰爭爆發以來，累計漲幅約 12%，諸如太陽能、風電及新崛起的氫能等多項與綠能相關的潔淨子產業股價指數也都有 7% 到 24% 的漲幅（圖 2）。圖 2 除了顯示全球潔淨能源相關指數漲跌幅之外，也表示這些都將是未來綠能科技相關的重點投資產業。而潔淨能源指數應聲大漲，也意味著能源轉型刺激全球潔淨

能源與關鍵礦物需求成長，因為能源轉型需要大量關鍵礦物[8]。俄烏之戰，除了引爆能源問題使國際油價大漲，關鍵材料供應問題更受國際間關注，供應鏈瓶頸所涉及之產業要多加關注。俄烏戰事雖遠在歐洲，但其影響卻如同湖中投石一般，所激起的漣漪擴及全球，牽連的層面不只是國家與國家之間的角力，也攸關民眾投資理財，如何減少一些風險因子的侵蝕，保障財富不致過度萎縮，甚至將俄烏危機轉化為投資契機，更是國內民眾切身關心的問題。

指數名稱	近 1 月漲跌幅 (%)	俄烏戰爭至今漲跌幅 (%)	今年以來漲跌幅 (%)	近半年漲跌幅 (%)	近 1 年漲跌幅 (%)
標普 500 指數	-4.90	-1.97	-11.80	-5.40	6.62
MSCI 能源指數	-1.90	5.87	17.00	27.10	22.30
標普全球潔淨能源指數	14.60	12.11	-1.70	-8.70	-17.82
潔淨子產業指數　MAC 全球太陽能指數	17.70	16.48	-3.60	-16.60	-25.56
EQM Global Solar Energy Index NTR	15.80	17.02	-6.30	-14.50	-20.91
Solactive 全球鋰指數	-7.10	-4.41	-17.40	-20.10	13.50
ICE Global Clean Energy Lithium Index	-9.50	-6.22	-20.10	-22.20	8.33
ISE 全球風能指數	-7.30	7.58	-4.20	-11.00	-10.74
ICE Global Sustainable Wind Energy Index	11.10	8.87	-1.20	-8.20	-5.16
藍星氫和次世代燃料電池指數	16.20	24.05	-11.00	-17.30	-40.40
Indxx Hydrogen Economy Index	12.00	13.24	-5.10	-7.10	-28.11

圖 2　全球潔淨能源相關指數漲跌幅

資料來源：彭博資訊、富蘭克林華美投信、今周刊[9]

2.6　綠能催化下，稀土關鍵材料契機浮現

在戰爭催化下，加快了綠能發展的進程。綠能發展已成為國際趨勢，全球暖

8　芮嘉瑋，能源轉型刺激全球潔淨能源與關鍵礦物需求成長，CTIMES 第 363 期，2022 年 2 月號，頁 18-22。

9　吳佳穎，戰火催化下 碳關稅將上路、八年內擺脫對俄能源依賴 歐盟兩政策力挺 能源轉型布局契機浮現，今周刊第 1317 期，2022 年 3 月 21 日，頁 105。

化日益嚴重,許多國家附和「2050 淨零碳排」;歐盟預計 2026 年「碳邊境稅」正式生效,不符合減碳標準的商品將遭課關稅,減碳議題從綠能產業、政策等面向擴展到供應鏈。綠能催化下,諸如風電、太陽能、電動車、碳捕捉、氫能及儲能等綠能科技,均有助於減少碳排,包括構成電動車或風力發電用之馬達關鍵材料永磁體或永磁電機等都有稀土下游磁材應用的身影,例如一支風機基本上就需要 2,000 磅的釹、共 1 噸以上的稀土,電動車對稀土的需求更比傳統車型多 25 倍[10]。因為稀土磁石具有較強的磁能密度和矯頑磁力,得以使所有電資通訊產品輕薄短小化或省電化。電動汽車、風力渦輪機等需要高精度轉動的設施,使得稀土永磁應用看俏。

2.7 俄烏戰火未熄,通膨問題恐將延續

從俄羅斯各種商品全球供應占比,可看出該國在關鍵原材料的莫大影響力。俄烏衝突,原物料斷鏈危機,牽動成本大漲、下游漲價,致使通膨問題惡化。例如鈀是汽車催化轉換器的重要組成部分,自衝突開始以來,其價格已上漲了 80%。俄烏戰火推升物價,儘管臺灣自俄羅斯和烏克蘭進口原物料比例極低,但從能源、農產品到稀貴金屬,都因俄烏衝突而供應短缺、價格大漲,即使台廠未直接自戰地進口,也深受其害。以鋼鐵為例,中鋼 2022 年 4 月盤價以 5.83% 的漲幅供應國內一半的用鋼量,已讓國內製造業壓縮獲利、苦不堪言。俄烏之戰,推高全球通膨壓力,臺灣自不例外。

俄烏戰爭帶動全球原物料價格上揚,帶動企業生產成本,企業再轉嫁給下游,終端商品價格跟著水漲船高,民眾買東西就變貴了。這波漲勢會隨著戰火漸息出現轉機嗎?俄烏戰火未熄,通膨問題恐將延續,增添許多不確定性;近來央行升息一碼決策,算是讓國內進口通膨壓力減輕了一些。

2.8 助長中俄結盟,隱形靠山始料未及

隨著俄烏戰火越演越烈,以美國為首的西方國家正對俄羅斯實施經濟、金融、文化與外交上的制裁,許多西方跨國企業也加入制裁的行列[11],逼迫俄軍早日停

---

[10] Daisy Chuang,緩解稀土供應疑慮美科學家找到全新永久磁鐵配方,TechNews 科技新報,2019 年 04 月 11 日。

[11] 波音公司終止向俄羅斯航空公司提供飛機零件與維修服務;蘋果公司終止手機的軟體功能與支付系統。

戰，甚至寄望俄羅斯經濟崩潰。然而，這個盤算並未達到預期的效果。俄羅斯經濟規模與資源龐大，自給自足實力堅強，各國對俄羅斯的倚賴也無法馬上切斷，仍有許多國家不支持制裁措施，中國便是一例。以金融爲例，中國在制裁中缺席，不僅降低了制裁效果，俄中兩國還可逐漸深化跨境支付；美歐西方政府雖下重手制裁，但制裁中仍有漏洞，包括俄羅斯也可以使用人民幣跨境支付系統（CIPS）進行跨境支付，聯手加速發展一套替代金融支付系統，以降低對美元的依賴。俄烏開戰後，許多俄羅斯企業到中國國有銀行莫斯科分行開設人民幣帳戶。中國推動人民幣國際化，與普丁的「去美元化」戰略剛好不謀而合；中美關係惡化驅使北京攜手莫斯科，打造一個沒有美國的全球金融系統。中俄「去美元化」氛圍因俄烏之戰正在成形，未來可能會從根本上削弱美國在全球金融體系的影響力，長期可能損及美元的國際地位。

除了金融制裁的反作用力之外，世界上最大的由政府控制的戰略金屬儲備集中在中國[12]。中國是俄羅斯最大的隱形靠山，幾乎所有大宗商品、關鍵礦物與生產加工技術，都可以從中國得到替代性供給來源。隨著俄烏戰火下俄羅斯關鍵礦產供應鏈出現裂痕，中國將成爲市場上關鍵原物料生產、加工和戰略儲備銜接應對的關鍵。被西方市場拒之門外的俄羅斯，很可能會在關鍵礦產領域尋找與中國合作的新機會。俄中兩國都擁有巨大的儲量、加工、製造能力以及合作的強大地緣政治理由，這對於美國向來要減少對中國關鍵礦產生產加工的倚賴，可能會造成衝突及帶來很大的麻煩。從金融系統、各種高科技、國防、電子支付到手機操作系統，俄羅斯都想繞過美國直接對中。普丁的這步棋，或許拜登政府始料未及，但在俄烏戰火未熄之際，拜登如何接招，全世界都等著看。

2.9　西方國家捍衛民主之際，防範中國藉機坐大

俄烏戰爭下嚴厲的制裁，雖使俄羅斯遭受盧布貶值、跨境匯款不順、西方品牌撤出、進出口物流受阻等不小的壓力，但普丁政權卻未因此瓦解，反而使全球通膨問題更趨嚴重，助長中俄結盟，加速中俄「去美元化」的風險，這就是戰爭所要付出的代價。俄烏戰爭爆發至今，中國態度始終曖昧，因爲普丁只要不垮台，俄烏之

12　Tom Daly and Shivani Singh, "Explainer: What China keeps in its secretive commodity reserves," Reuters, August 4, 2021, https://www.reuters.com/world/china/what-china-keeps-its-secretive-commodity-reserves-2021-08-05/#:~:text=Based%20on%20past%20stockpiling%20activity,250%2C000%2D400%2C000%20tonnes%20of%20zinc

戰足以讓中國得利，對中國而言，這場戰爭只是中美之爭的前哨站，習近平藉機觀察西方反應、權衡算計。西方國家在對付普丁、捍衛民主之際，同時也要留意習近平的下一步，避免中國藉機坐大。以美國為主的西方國家，不可不慎！

第二篇

稀土關鍵材料

「我口要說智慧的言語；
我心要想通達的道理。」
（詩篇 49：3）

「樂觀是帶領我們成功的信念。
少了希望和自信，什麼事都做不成。」
——海倫‧凱勒

Optimism is the faith that leads to achievement.

Nothing can be done without hope and confidence.

— Helen Keller

第三章　稀土是重中之重

3.1 供應鏈風險最高之材料：稀土

　　美、日等發達國家將稀土列為「21 世紀的戰略元素」[1]，中國大陸也將稀土各功能性材料列為實施製造強國戰略的 9 種關鍵材料之一，其中的稀土磁性材料應用最為廣泛，帶動整個稀土產業持續發展，其戰略地位十分重要[2]。一份出自歐盟委員會在 2020 年對可用於可再生能源、電動汽車、國防航空領域中之 9 種不同技術在戰略上存有至關重要的關鍵原材料進行研究[3]，發現稀土是所有關鍵材料存有供應鏈風險最高的原材料，如圖 1，可知風力發電機與電動車永磁馬達在製造過程中需使用諸如釹、鏑、鐠等大量的輕稀土元素（Light Rare Earth Elements, LREEs）與重稀土元素（Heavy Rare Earth Elements, HREEs）。

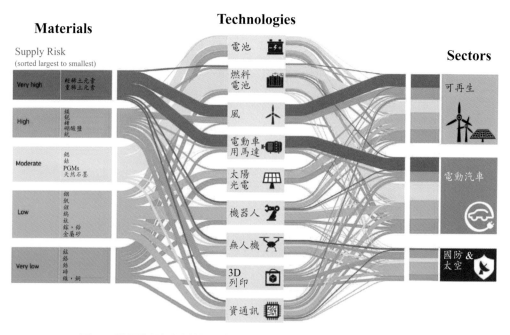

圖 1　歐盟對戰略科技領域之關鍵材料的供應鏈風險進行評估

圖片來源：European Commission (2020)

1　吳智輝、葉清，稀土——21 世紀重要的戰略資源，廈門日報，2011 年 2 月 25 日，網址：https://pcss.xmu.edu.cn/info/1033/1188.htm，最後瀏覽日：2019 年 10 月 24 日。

2　張博、王學昭、趙萍、安岩，中國、日本、美國稀土磁性材料專利技術布局異同點解析，新材料線上，網址：http://www.migelab.com/Article/articleDetails/aid/9025.html，最後瀏覽日：2019 年 10 月 24 日。

3　Critical Raw Materials for Strategic Technologies and Sectors in the EU, 2020, European Commission, https://rmis.jrc.ec.europa.eu/uploads/CRMs_for_Strategic_Technologies_and_Sectors_in_the_EU_2020.pdf

　　全球稀土金屬供應量的 97% 由中國生產，但中國卻對其出口進行了大量削減並提高稀土價格，這對世界高科技市場之間造成了緊張和不確定性。2011 年歐盟委員會（European Commission）於其報告中強調了稀土元素是最關鍵的原料但存在有繼續供應的風險[4]。同年，美國能源部（United States Department of Energy, DOE）也報告 5 個最關鍵的稀土元素分別是釹（Nd）、銪（Eu）、鋱（Tb）、鏑（Dy）和釔（Y），該等關鍵的稀土元素90%以上的生產都來自中國[5]。歐洲委員會和美國能源部都一致認為，某些稀土元素對經濟至關重要，因為它們的短缺或者供應突然中斷可能會有使產業蒙受損失的風險，尤其是那些經常會被添加到釹鐵硼磁鐵之配方中以增強其矯頑力（coercivity）的稀土元素。

　　為降低稀土供應鏈風險，擺脫稀土貿易往來被牽制的局面，除了開發中國境外的稀土資源，在替代及回收技術領域也積極尋求研發創新，用以開發稀土替代材料或者增加原材料利用率與加大回收利用率，以減少對中國稀土資源的依賴。這方面將會在本書第九章詳細介紹。

3.2　稀土是華府四項關鍵產品供應鏈之一

　　美國總統拜登於 2021 年 2 月 24 日簽署了一項行政命令，指示聯邦政府針對半導體（晶片）、電動汽車的電池、稀土金屬和藥品等四項關鍵產品的供應鏈進行為期 100 天的審查，試圖審查關鍵產品對外國依賴的程度，目的是加強美國供應鏈以減少美國對其他國家製造的依賴。以半導體晶片而言，是指美國減少對臺灣的台積電和南韓三星電子的依賴，例如近來全球半導體產能緊繃，迫使汽車廠商放緩製造速度，甚至有工廠停產，使華府不得不向臺灣、韓國等盟友求助，便是一例；就稀土金屬而言，當然是指減少對稀土生產大國中國的依賴，尤其該行政命令更提及，審查是為「避免美國被不友好或不穩定國家壟斷供應鏈」，華府這意有所指地突顯美中正在為攸關國家經濟和國家安全的戰略資源競爭布局。在四樣關鍵產品項目裡，無論是製造半導體晶片或者電動車電池、馬達，都必須用到稀土，稀土是重中之重而被列為關鍵礦物和材料，用於製造從硬鋼到飛機等各種產品，是高科技產品必備的元素。

4　European Commission (2014). Report on critical raw materials for the EU: Report of the Ad-hoc Working Group on defining critical raw materials, *available at* https://ec.europa.eu/docsroom/documents/10010/attachments/1/translations/en/renditions/pdf (last visited Jan. 23, 2021)

5　Critical Materials Strategy. U.S. Department of Energy; 2011. pp. 1-191.

　　基於美國經濟安全及國家安全，並確保美國能夠因應新時代的嚴酷挑戰，拜登與國會兩黨議員認為必須建立關鍵供應鏈的彈性和可靠性，希望提高供應鏈多元化，避免特定產品過於依賴他國。因為建立彈性、多樣且安全的供應鏈，將有助於振興美國國內製造能力，並創造就業機會。方法包括在美國境內投資並保護和提高美國的競爭優勢，至於美國自己無法在國內生產的產品，將尋求盟國協助並鞏固雙方關係。

　　稀土可說是美中和平的安全閥，一旦中國決定對美國禁運，表示離攤牌之日不遠了。美國無論是在資源擷取或市場份額上，均處於相對不利的地位，且境內缺乏分離與純化的能力，即使能開採，也得送到國外精鍊。對華府來說，稀土元素精鍊能力是關鍵，也是當務之急。

3.3　何謂稀土？

　　所謂稀土，是指「稀土金屬」或稱「稀土元素」，係從元素週期表原子序 57 號鑭（Lanthanum, La）到 71 號鎦（Lutetium, Lu）的 15 個鑭系元素，再加上鈧（Scandium, Sc）及釔（Yttrium, Y），總共 17 個化學元素的合稱[6]。17 種稀土元素根據其原子電子層結構和物理化學性質，以及它們在礦物中共生情況和不同的離子半徑可產生不同性質的特徵，通常又可分為輕稀土元素（light rare earth elements，簡稱 LREE）與重稀土元素（heavy rare earth elements，簡稱 HREE）兩大類。輕稀土為鑭（La）、鈰（Ce）、鐠（Pr）、釹（Nd）、鉕（Pm）、釤（Sm）、銪（Eu）、釓（Gd）；重稀土則包括鋱（Tb）、鏑（Dy）、鈥（Ho）、鉺（Er）、銩（Tm）、鐿（Yb）、鎦（Lu）、釔（Y）；另外鈧（Sc）雖然為稀土中最輕的元素，然而鈧原子的電子構型與輕稀土不同，與其他稀土一樣常以三價狀態存在，其物化特性與輕、重稀土不同，因此鈧本身屬於一類。週期表中之稀土元素及稀土元素分類如圖 2 所示[7]。

　　稀土金屬多數呈銀灰色，有光澤，晶體結構多為 HCP 或 FCC。性質較軟，在潮溼空氣中不易保存，易溶於稀酸。由於稀土類具有優良的光電磁等物理特性，能與其他材料組成性能各異、品種繁多的新型材料，應用於螢光體、磁石、觸媒、超導材料中，以大幅度提高產品的性能，不僅是尖端產業中不可或缺的重要金屬，也是諸多高科技的潤滑劑，因此有「工業黃金」之稱。

6　林偉凱，認識磁性材料——稀土磁石，科學發展，2012 年 8 月，476 期，52 頁。
7　稀土關鍵材料供應鏈危機下的衝擊與因應，中技社，2022 年 12 月，頁 45-46。

　　然而，嚴格來講，稀土本質上並不稀少，只是分布稀散，命名稀土是因為這些化學元素在土壤中是和其他物質混雜在一起，很難提煉，而常被誤以為土，再加上它們活性非常高，自然界皆以難溶氧化態存在，「稀土」名稱由此而來。少量添加時，它們獨特的磁性和磷光特性往往成為許多產品中產生獨特功效的重要成分，是現代製造業中最受歡迎的材料之一；有工業維生素之稱的稀土金屬，廣泛應用於各領域。

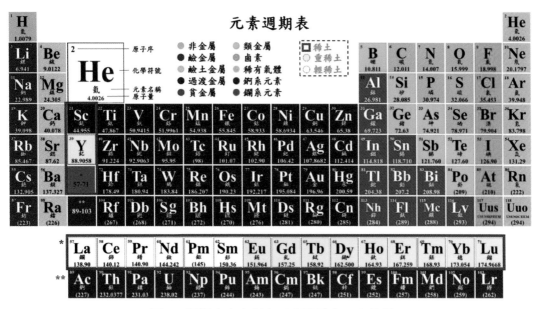

圖 2　週期表中之稀土元素及稀土元素分類

圖片來源：中技社，2022

3.4　稀土在各領域的應用

　　由於稀土類具有優良的光電磁等物理特性，能與其他材料組成性能各異、品種繁多的新型材料而具有廣泛的應用，用以大幅度提高終端產品的性能，不僅是尖端產業中不可或缺的重要金屬，也是諸多高科技的潤滑劑，從電動車的電池、馬達，到智慧型手機，甚至國防工業的導彈製造都少不了它，美國最先進的 F-35 戰鬥機零件，就是仰賴關鍵的稀土元素。稀土元素應用廣泛成為現代高科技及綠能尖端產業不可或缺的關鍵材料，少了它有如烹調少一味之憾，而有「工業黃金」或「工業維生素」之美譽。

　　稀土元素在永磁材料、催化材料、拋光粉、儲氫材料、冶金材料、螢光粉、

玻璃、石油化工等領域都得到了廣泛的應用，其應用之比重係以永磁材料最多（圖3），因為稀土磁石具有較強的磁能密度和矯頑磁力，得以使所有電資通訊產品輕薄短小化或省電化。其中釹鐵硼永磁材料應用於電動汽車、風力渦輪機等需要高精度轉動的設施，電腦硬碟、音訊設備、磁共振設備等領域，以及戰鬥機、導彈制導系統等關鍵國家安全系統。尤其美國拜登政府近年因推動電動汽車綠能科技，進而帶動永磁產業需求增長。稀土中的「釹」更是所有稀土中應用最廣的元素，90%來自中國，廣泛應用於電動車用馬達內所使用之超強磁鐵的重要原料。

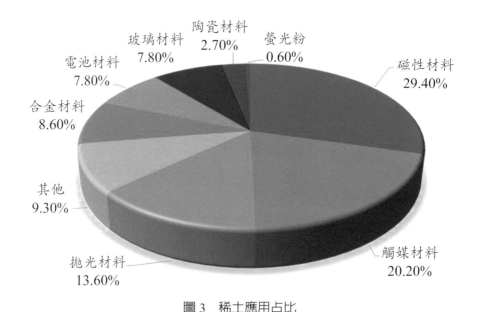

圖 3　稀土應用占比

資料來源：Rate earth elements facts, Canada（Updated 2022-02-03）

　　在臺灣除了電動車產業外，舉凡平板、筆電、硬碟、手機、無線耳機、風車以及其他用電池供電的工具等各種需超強磁力或需較小體積及輕量需求的產品，例如使用稀土永磁材料的戴森（Dyson）吸塵器的馬達，不僅具有每分鐘達 11 萬轉的馬達效能，更因釹鐵硼永磁材料特性，開發出大小約 3 公分、可擺在手心、實現產品高效能且小型輕量薄型化的可能，從而拉升產品價格要價上萬元。[8] 由於馬達是電動車的核心，這使得英國吸塵器製造商戴森計畫於 2020 年推出電動汽車。[9] 此外，

8　楊竣傑，用吸塵器創造科技家電帝國、直擊 dyson 最神秘的 6 大創新研發實驗室，Cheers 快樂工作人雜誌，2019 年 1 月，220 期，38 頁。

9　吸塵器製造商戴森計畫於 2020 年推出電動汽車，網址：https://kknews.cc/design/4p2malx.html，最後瀏覽日：2019 年 10 月 23 日。

被動元件要用到的陶瓷材料、LED 的螢光粉等高科技關鍵材料，也是臺灣很常見的稀土相關應用，顯示稀土永磁材料已成為現代工業和電子技術之終端應用成品不可或缺的關鍵材料。

　　分析稀土在各領域應用的專利，並以國際專利分類號（International Patent Classification, IPC）統計其占比分布（圖4），發現所有稀土元素應用於合金領域的專利占比最高達 17.4%，其他領域的專利占比依序為催化劑 12.4%、陶瓷及玻璃 10.9%、塗料組合物 10.1%、磁體 9.5%、發光材料 8.2%、半導體 6.8%、金屬之生產或精鍊 5.2%、電池 4.1%、醫療及健康 3.7%、電機 3% 以及雷射 2.9%。

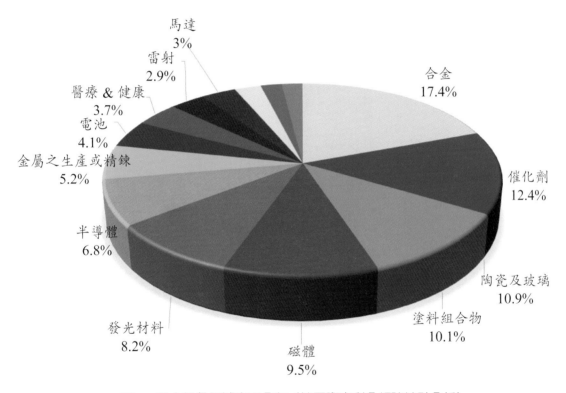

圖4　稀土於各領域應用分布（按國際專利分類號統計分析）

圖片來源：作者改繪

　　另就單一稀土元素主要應用，從專利文獻看稀土元素於各領域之應用占比（圖5），發現各個稀土元素在不同領域扮演著維他命之效果，例如釹應用於釹鐵硼磁鐵磁能積高，被稱作當代永磁之王；鈰應用於半導體晶片研磨、拋光用途之化學研磨液；鑭可用於攝影機、照相機、顯微鏡鏡頭和高級光學儀器稜鏡等，電池也有它的身影；鉺應用於雷射及發光材料；釓應用於醫療領域。

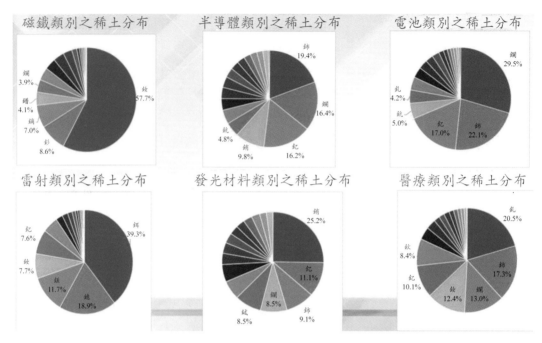

圖 5　從專利看稀土元素於各領域之應用占比

圖片來源：作者改繪自中技社，2022 年 12 月，稀土關鍵材料供應鏈危機下的衝擊與因應

第四章　稀土大國中國，掌握上游技術能力

　　40 年前（1981 年），時任國務院副總理的方毅，在一場科技工作會議上演講時說：「稀土絕不僅是我們這一代人的事。……我們要努力成為世界上的稀土大國。」並提出 4 個奮鬥目標：資源第一、生產第一、出口第一、應用第一。這是他第一次提出「稀土大國」的理想。

　　眾所皆知，中國在稀土方面擁有壓倒性的優勢，因為中國無論在稀土的儲量、產量和出口方面皆居全球之冠。其中，包頭的白雲鄂博蘊藏著占世界已探明總儲量 41% 的稀土礦物及鐵、鈮、錳等 175 種礦產資源，至今仍被稱為「稀土之都」。中國是世界上最大的（其中一些是唯一的）稀土生產國，可作為外交槓桿，例如近年中國實施出口配額限制，其供應存有不確定的風險，對各國發展高科技產業造成衝擊。中國的優勢，不僅如此，它還掌握了稀土開採提取分離精鍊等上游技術能力。

4.1　中國贛州離子型稀土的開採自主技術 [1]

　　中國稀土資源豐富、礦種獨特，重稀土礦以江西、廣東、福建、廣西、雲南等地區的離子型稀土礦為主，尤以江西龍南地區的重稀土礦為最多，占中國重稀土工業儲量的 80% 以上；贛州市的中重稀土開採量占中國半壁江山，因而有「稀土王國」之稱。

　　離子型稀土技術可以說是中國自主擁有的智慧財產權。然而，南方離子型稀土礦的開採提取技術已經過 40 多年的發展，稀土回收率雖有了改善，但仍有不少理論和實際問題有待解決，包括新型高效低汙染浸取劑和沉澱劑的研發、原地浸礦過程中的擴散機制等都是未來南方離子型稀土礦化學提取技術研究的重要方向。

　　20 世紀 60 年代末在江西省龍南發現離子型稀土礦，其礦石中的稀土元素 80～90% 呈離子狀態吸附在高嶺土和水雲母等黏土礦物上；離子型稀土礦系含稀土花崗岩或火山岩經多年風化形成黏土礦物，解離出的稀土離子以水合離子或羥基水合離子吸附在黏土礦物上。吸附在黏土礦物上的稀土離子在水中不溶解，但遵循離子交換規律，可用化學法提取稀土。稀土礦種 90% 的稀土可以用稀土浸出藥劑如硫酸、硫酸氫氨或者硫銨等以離子交換淋洗方式使其進入溶液，然後將稀土沉澱劑如草酸、氨水或者碳酸氫氨等加入溶液中，使稀土沉澱析出，因此，該種稀土礦被命名為「離子型稀土礦」。迄今，離子型稀土礦的浸出與富集技術主要有兩種，一種

1　芮嘉瑋，中國贛州離子型稀土開採提取技術研發 智財權自主擁有，北美智權報 303 期，2022/02/23，http://www.naipo.com/Portals/1/web_tw/Knowledge_Center/Industry_Economy/IPNC_220223_0702.htm

爲「池浸」，一種爲「原地浸礦」。因池浸對生態環境帶來的破壞與影響很大，現推行的是原地浸礦。

稀土是人類和高科技不可或缺的戰略性礦產資源，中國則在稀土產業鏈的上游尤其具發展優勢，國際經貿上以此作爲籌碼對付西方國家，往往具有卡脖子、掐咽喉之效。中國前領導人鄧小平於 1992 年參訪包頭市白雲鄂博區的稀土礦場時，說過一句警世良言：「中東有石油，中國有稀土」。中國目前是世界上唯一具有稀土全產業鏈的國家，對全球稀土產業鏈的某些環節有近乎絕對的主導權。歐美等西方國家正努力擺脫受中國控制局面的同時，中國又在 2021 年底成立「中國稀土集團」，重組「稀土國家隊」，企圖鞏固其全球稀土龍頭地位。江西省的贛州稀土集團有限公司爲此「稀土國家隊」成員之一。

贛州稀土集團簡介

贛州稀土集團有限公司前身爲贛州稀土發展控股有限公司，成立於 2010 年 11 月，並於 2011 年 12 月更名爲贛州稀土集團有限公司，經營稀土開採和冶煉分離。公司旗下擁有中國南方稀土集團、贛州工業投資集團、贛州稀土礦業有限公司等 70 餘家全資、控股及參股公司。公司業務涵蓋稀土、稀有金屬、金融資產三大領域。其中，稀土領域以中國南方稀土集團爲核心，主要從事稀土原礦開採、稀土冶煉分離、稀土綜合回收利用、稀土精深加工應用、稀土產品貿易、稀土應用研發和技術服務；稀有金屬領域主要從事鎢、螢石、鉛鋅等礦產資源的開發與利用；金融資產領域主要從事稀土與鎢等稀有金屬的投資和管理、基金投資和管理、稀有金屬交易平台運營與管理等。贛州稀土集團有限公司主要生產的稀土產品，包括用於永磁電機的稀土磁性材料、用於新能源及應用元件的稀土發光材料、用於催化拋光的稀土功能陶瓷、用於各種動力電池及儲氫系統等應用的稀土儲氫材料等產品。

(一) 旗下贛州稀土友力科技

贛州稀土友力科技開發有限公司在釹鐵硼加工技術領域方面，開發一種釹鐵硼廢料萃取三相物的回收方法[2]。該方法首先收集釹鐵硼廢料萃取過程產生的三相物，自然靜置、澄清分層後回收有機相和水相，回用至萃取槽（S1）；接著向過濾後剩餘的三相物加入助溶劑，再攪拌靜置、澄清分層後回收水相，回用至萃取槽（S2）；最後將助溶劑反應後的三相物加入浸出劑，攪拌後將溶出的水相稀

2　中國專利公開號 CN113584329A，一種釹鐵硼廢料萃取三相物的回收方法，贛州稀土友力科技開發有限公司，專利公開日 2021 年 11 月 2 日。

土回收、溶出的有機相經水洗回用至萃取槽、渣相經壓濾烘乾成環保渣集中處理
（S3）。該方法特徵在萃取過程中進行固液分離，然後分別從固液兩態中分別得到
有機相和水相，並將其回槽再利用，實現資源回收利用降低生產成本，同時避免三
相物擱置、掩埋造成的環境汙染，利於環保。

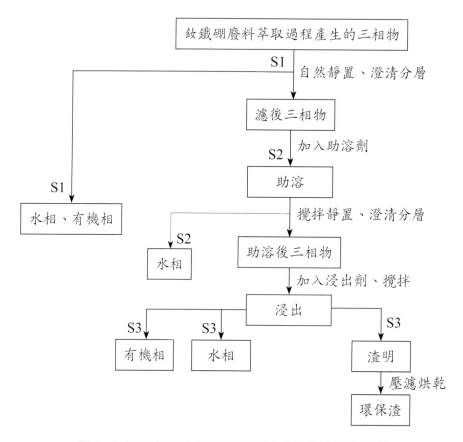

圖 1　釹鐵硼廢料萃取三相物的回收方法的流程示意圖

圖片來源：作者改繪

　　此外，該公司也對稀土生產過程中所需用的分離裝置或混合設備申請專利，例
如涉及稀土金屬之提取或者稀土粉碎預處理等有關萃取自化澄清設備、稀土溶液混
合裝置、攪拌混料裝置以及稀土廢料回收用之稀土打散裝置等設備。

(二) 旗下贛州稀土礦業有限公司

　　離子型稀土礦的開採，一直沒有擺脫環境汙染的問題，同時回收率偏低也造成
了部分稀土資源的浪費。贛州稀土礦業有限公司開發一種南方離子吸附型稀土礦浸

取母液中回收稀土的技術[3]，包括礦山稀土浸取母液收集、磷酸二異辛酯（P204）有機相配製、稀土萃取、稀土複鹽沉澱除雜、硫酸稀土複鹽鹼轉化等步驟。此回收稀土專利技術，使用 P204 富集稀土離子、以硫酸反萃，且反萃液用硫酸鈉得到複鹽沉澱，並用氫氧化鈉進行鹼轉得到氫氧化稀土，減少了沉澱用的大量碳酸氫銨，且複鹽沉澱和鹼轉使得稀土離子與雜質離子得以有效分離，提高了產品品質，減少了後期分離預處理的成本。不僅稀土回收率高於 95%，稀土礦山母液無需預處理，無氨氮增加，生產成本低，又能減少氨氮對環境的汙染。

　　此外，該公司也發明一種強酸型聚苯乙烯陽離子交換樹脂[4]，應用於稀土金屬離子的吸附中，無需經過預處理或添加其他試劑，無汙染且不產生任何廢棄物，吸附效果好，具有交聯結構均勻、含水率高、離子交換容量大和環保等優點。專利的特徵在於該聚苯乙烯陽離子交換樹脂是以苯乙烯為單體，以亞甲基雙丙烯醯為交聯劑，該單體苯乙烯與交聯劑亞甲基雙丙烯醯的品質比為 1：0.01-0.5，在致孔劑和引發劑的作用下經成球、定型老化得到微球，然後在醇溶劑中超聲洗滌脫除致孔劑，再經磺化處理得到磺化產物，後直接倒入冰水中洗滌、過濾而得。

(三) 旗下贛州稀土開採技術服務有限公司

　　贛州稀土開採技術服務有限公司為贛州稀土礦業有限公司下屬子公司，成立於 2016 年 1 月，主要從事離子型稀土開採新技術研發、對外承接礦山開採技術諮詢服務及稀土產品經營等業務。該公司在稀土礦開採工藝方面，開發一種南方離子型稀土礦的浸礦方法[5]，採用如圖 2 所示的配液、注液、氧化鎂水化、稀土回收、以及稀土的澄清與固液分離等步驟，並採用中性電解質溶液，利用離子交換時置換出的酸維持稀土離子的遷移，進行離子型稀土礦的開採。此外，該公司也發明一種南方離子型稀土礦無氨開採工藝[6]，在原地浸礦技術的基礎上，使用硫酸鎂＋硫酸鈉作為浸礦劑，碳酸氫鈉作為沉澱劑產出碳酸稀土或採用萃取的方式產出合格的高濃度稀土料液為產品，從根本上避免了氨氮對環境的影響，並利用氧化鎂的特性使稀土富集物快速沉澱，縮短流程時間。除此之外，該公司也對稀土礦回收技術申請專利，

3　中國專利公開號 CN104561614A，南方離子吸附型稀土礦浸取母液中回收稀土工藝，贛州稀土礦業有限公司，專利公開日 2015 年 4 月 29 日。

4　中國專利公告號 CN102626661B，一種強酸型聚苯乙烯陽離子交換樹脂、其製備方法及其應用，中國地質大學（武漢）、贛州稀土礦業有限公司，專利公開日 2014 年 4 月 9 日。

5　中國專利公開號 CN111636003A，一種南方離子型稀土礦的浸礦方法，贛州稀土開採技術服務有限公司，專利公開日 2020 年 9 月 8 日。

6　中國專利公開號 CN107217139A，南方離子型稀土礦無氨開採工藝，贛州稀土礦業有限公司，專利公開日 2017 年 9 月 29 日。

例如涉及一種南方稀土礦浸出母液沉澱法回收稀土的工藝[7]。

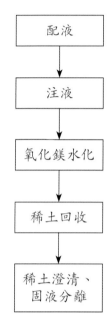

圖2　南方離子型稀土礦的浸礦方法

圖片來源：作者改繪

展望未來

　　離子型稀土技術是中國自主擁有的智慧財產權。南方離子型稀土礦的開採提取技術已經過 40 多年的發展，稀土回收率雖有了改善，但仍有不少理論和實際問題有待解決，包括新型高效低汙染浸取劑和沉澱劑的研發、原地浸礦過程中的擴散機制等都是未來南方離子型稀土礦化學提取技術研究的重要方向。然而，無庸置疑的是，南方離子型稀土礦是中國特有的、世界罕見的稀土資源種類，具有巨大的經濟價值與戰略價值，已成為世界稀土貿易與經濟發展中非常重要的一支不可或缺的力量，其提取技術及開發利用水準對世界新材料、新能源的發展影響巨大，中國也順勢將這方面稀土資源的優勢轉變為經濟上的優勢。

7　中國專利公告號 CN105506287B，南方稀土礦浸出母液沉澱法回收稀土的工藝，贛州稀土礦業有限公司，專利公告日 2017 年 9 月 19 日。

4.2　稀土元素提取分離技術研發[8]

聽到葡萄酒，就會直覺想到世界著名的葡萄酒產地法國；論及稀土，眾所皆知，中國是全球稀土第一大國、儲量產量世界第一。中國的稀土，就像是法國的葡萄樹，沒有它怎能釀得出好酒呢？有工業維生素之稱的稀土，是鈧、釔和全部鑭系元素的總稱，也是所有高科技產品展現高性能而必須添加的原材料，更是尖端產業在國際競爭中重要的戰略性資源。

稀土元素由於化學性質極為相近，在礦物中伴生共存，而各元素優異的光、電、磁、催化的本質特性往往需要單一高純稀土才能得以充分體現，從而提取分離成為稀土材料工業的重要過程。然而，由於稀土元素的性質十分相似，造成了稀土元素分離上的困難，且隨著稀土元素應用的日益廣泛，人們對稀土產品的要求已不僅僅停留在對稀土純度的要求上，更多的是對稀土產品的物理性能以及非稀土雜質指標的要求，鋁就是被要求的非稀土雜質之一。鋁是兩性元素，它在溶液中可以以 Al^{3+}、$Al(OH)^{2+}$、$Al(OH)_3$、AlO_2 等多種形式存在，因此增加了其與稀土元素分離的難度。稀土與非稀土雜質分離的方法，主要有中和法、草酸鹽沉澱法、硫化物沉澱法和萃取法等。到目前為止，萃取法仍然是分離稀土元素、生產高純稀土最有效又經濟的辦法。

五礦旗下研究院

中國五礦集團有限公司（China Minmetals Corporation）是以往中國六大稀土集團之一[9]，也是在 2021 年 12 月 23 日合併成立的「中國稀土集團（China Rare Earth Group）」的成員之一[10]。中國五礦集團有限公司（China Minmetals Corporation），簡稱「中國五礦」或「五礦集團」，成立於 1950 年，是由原中國五礦和中冶集團等兩個世界 500 強企業戰略重組形成的中國最大、國際化程度最高的金屬礦業企業集團，也是由中央直接管理的國有重要骨幹企業。公司總部位於北京，是以金屬、礦產品的開發、生產、貿易和綜合服務為主，旗下擁有許多子公司。

8　芮嘉瑋，稀土元素提取分離技術研發：綠色環保是王道，北美智權報 302 期，2022 年 2 月 9 日。http://www.naipo.com/Portals/1/web_tw/Knowledge_Center/Research_Development/IPNC_220209_1401.htm

9　以往中國有六大稀土集團：南方有五礦集團、中國鋁業、廈門鎢業、廣東稀土和南方稀土等五大稀土集團，北方則由北方稀土一家獨大，形成北方一家和南方五家的格局。

10　2021 年 12 月 23 日，由中國鋁業集團有限公司、中國五礦集團有限公司、贛州稀土集團有限公司組建的超大型稀土國有企業集團正式成立，並命名為中國稀土集團有限公司。

其中五礦（北京）稀土研究院有限公司（以下稱「研究院」）成立於 2006 年 9 月，為中國五礦旗下五礦稀土股份有限公司全資子公司。研究院致力於稀土分離過程的綠色科技研發工作，以及與稀土廢料再生處理領域相關的稀土廢料回收技術。在稀土元素分離技藝方面，先後研發了聯動萃取分離技術、皂化有機相萃取分離技術、物料聯動循環利用稀土分離技術。

「研究院」專利布局概述

國際專利分類號（International Patent Classification，簡稱 IPC）[11] 為階層式之分類系統，按照 5 個等級分類來代表不同領域之專利技術。「研究院」自 2007 年起開始申請專利，將「研究院」28 件專利組合（patent portfolio）按 IPC 階層技術分類，發現大多屬於冶金領域中之金屬之生產或精鍊或原材料之預處理（三階 IPC：C22B）。

具體而言，按四階 IPC 分類（圖 3），多為 C22B 3/00（利用溼式法由礦石或精礦內提取金屬化合物），其次為 C22B 59/00（稀土金屬之提取）；總括而言，係採用溼法冶金方式提取稀土元素。若再細分，按 IPC 五階分類則為 C22B 3/20（利用浸取 leaching 製得溶液之處理或淨化）相關專利最多，其他則為諸如萃取槽、過濾裝置或窯等與分離相關的化學裝置。

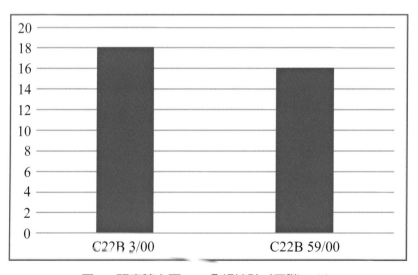

圖 3　研究院主要 IPC 分類統計（四階 IPC）

---

[11] IPC 國際專利分類是於 1971 年根據國際專利分類史特拉斯堡協定（Strasbourg Agreement Concerning the International Patent Classification）而建立，由世界智慧財產權組織（World Intellectual Property Organization, WIPO）頒布，為專利文獻提供一個共同的分類制度。IPC 為階層式之分類系統，以互相獨立的符號來代表不同領域之專利技術，共分為主部（section）、次部（subsection）、主類（class）、次類（subclass）、主目（group）以及次目（subgroup）。

重要專利技術解析

(一) 以活化、溶解製備低雜質稀土料液

　　萃取法雖可使 Cu、Pb、Zn、Co、Ni 等非稀土雜質降到 10^{-6}，但對於鋁的萃取分離還沒有成熟使用的工藝流程。習知利用萃取法去除稀土料液中的雜質鋁，主要是利用萃取劑進行萃取分離，例如環烷酸透過多級皂化、萃取、洗滌、反萃獲得鋁含量相對較低的稀土料液；但流程長，且常需結合使用價格較高的草酸，增加了生產成本；另一方面，鋁雜質尤其易於在萃取劑中富集，影響稀土的萃取分離處理能力，或產生三相物等影響分離過程的進行。

　　「研究院」提供一種低雜質稀土料液的製備方法 [12]，該方法製備得到的稀土料液中具有含量低的鋁、鐵、鈾、釷等常見非稀土雜質，尤其是鋁的含量更低。圖 4 顯示該專利低雜質稀土料液的製備方法包括活化過程和溶解過程 2 個主要步驟：

　　1. **活化**：向含稀土氧化物的原料中加入活化劑溶液進行稀土元素活性增強的活化反應以製得活化的漿料；

　　2. **溶解**：將該活化的漿料與酸溶液混合，控制 pH 值進行溶解反應，製得低雜質稀土料液。

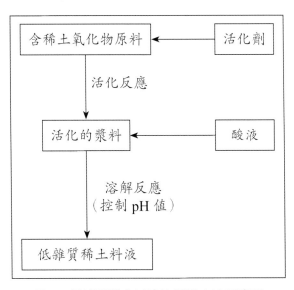

圖 4　低雜質稀土料液的製備方法示意圖

圖片來源：作者改繪

12　中國專利公開號 CN113046578A，一種低雜質稀土料液的製備方法，五礦（北京）稀土研究院有限公司，公開日 2021.06.29。

　　活化過程是向含稀土氧化物的原料中加入一定比例的活化劑，二者在一定溫度下混合反應一段時間，對原料中的稀土氧化物進行活化，以製備出高活性稀土漿料。其中活化劑對於氧化物精礦中諸如鋁、鐵、鈾、釷等常見的非稀土雜質，基本上無任何活化作用。至於溶解過程是將已活化的漿料和一定濃度的酸液混合，高活性稀土漿料與酸液在一定溫度下進行控制 pH 值的溶解反應，因高活性的稀土漿料優先與酸發生反應而快速溶解，所以減少了非稀土雜質的溶出，實現稀土的選擇性溶出，從而製備出低雜質稀土料液。低雜質稀土料液中的雜質含量甚低，包括鋁的含量為 1～200mg/L、鐵的含量為 1～50mg/L、鈾的含量為 0.01～2mg/L、釷的含量為 0.01～5mg/L。最終得到的低雜質料液進入萃取環節，完成稀土元素的萃取分離。

(二) 皂化有機相萃取分離技術

　　硫酸稀土與皂化劑中的氨或鈉、鉀等鹼金屬離子易形成硫酸稀土複鹽沉澱，導致萃取三相物生產，損失稀土和萃取劑有機相，使得硫酸稀土溶液難於皂化酸性萃取劑體系進行分離。有鑑於此，「研究院」開發出一種皂化萃取分離硫酸稀土溶液的方法[13]，以硫酸稀土溶液為原料，採用氨水或鹼金屬溶液皂化後的萃取劑進行萃取分離。該方法係透過如圖 5 所示的步驟流程，包括將萃取劑與氨水或鹼金屬溶液進行皂化反應，得到皂化萃取劑；皂化萃取劑在萃取槽中與含有阻斷劑的溶液進行萃取交換，交換後的萃取劑中不含鹼金屬離子和銨離子而成為含有阻斷劑的負載萃取劑，其中該阻斷劑為 Mg^{2+}、Fe^{2+}、Al^{3+} 中的一種或多種；向待萃取的硫酸稀土水溶液中加入阻斷劑，得到含有阻斷劑的硫酸稀土水溶液；將含有阻斷劑的負載萃取劑在萃取槽中與含有阻斷劑的硫酸稀土水溶液進行萃取交換，使溶液成為不含稀土離子的阻斷劑的水溶液；最後將稀土離子加入負載萃取劑，按照常規方法進行萃取分離。這種硫酸稀土原料的萃取分離方法，係透過引入阻斷劑 Mg^{2+}、Fe^{2+} 或 Al^{3+} 中間離子參與交換，避免皂化劑的鈉、銨等離子與硫酸稀土溶液直接接觸，解決了硫酸體系萃取分離工藝中鈉或銨離子與硫酸稀土溶液形成複鹽沉澱的問題（如 $RENa(SO_4)_2$），同時縮短硫酸稀土溶液的分離流程，提高稀土萃取率，降低酸鹼試劑的消耗及生產成本。

---

13 中國專利公告號 CN101876007B，一種皂化萃取分離硫酸稀土溶液的方法，五礦（北京）稀土研究院有限公司，專利公告日 2012 年 1 月 11 日。

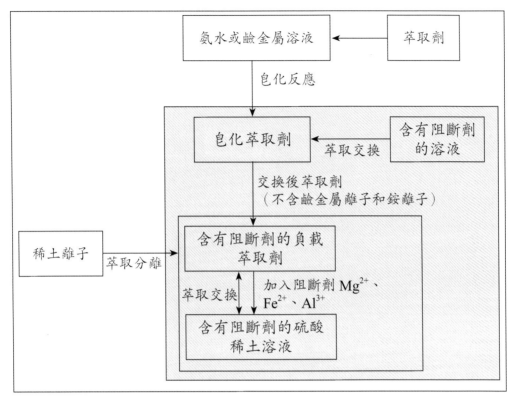

圖 5　皂化萃取分離硫酸稀土溶液的方法示意圖

圖片來源：作者改繪

(三) 物料聯動循環利用的稀土分離方法

「研究院」還開發出一種物料聯動循環利用的稀土分離方法[14]，其流程（圖6）包括：將由萃取劑 A 與稀土皂料混合製備的負載稀土的有機相用於後續的聯動萃取分離，殘餘水相中的無機酸經萃取劑 C 提取濃縮後，回用於原料溶解或草酸沉澱其中的稀土後回收利用：萃取分離提純後的稀土溶液，以草酸沉澱稀土，含草酸與無機酸的沉澱母液與萃取劑 B 混合，提取草酸回用於稀土沉澱，殘餘無機酸直接用於洗滌、反萃工藝或經萃取劑 C 濃縮後用於原料溶解。該方法能使稀土分離過程中產生的中間物料，在各工藝段間聯動循環使用，避免萃取劑鹼皂化過程僅以巡迴回收利用的無機酸即可完成原料溶解和洗滌、反萃等過程，因此本發明涉及的稀土分離提純過程不消耗鹼及無機酸，也不產生含鹽廢水，成本低且實現綠色環保，是一個革新性的稀土綠色分離生產工藝。

14　中國專利公告號 CN102676853B，物料聯動循環利用的稀土分離方法，五礦（北京）稀土研究院有限公司，專利公告日 2013 年 11 月 20 日。

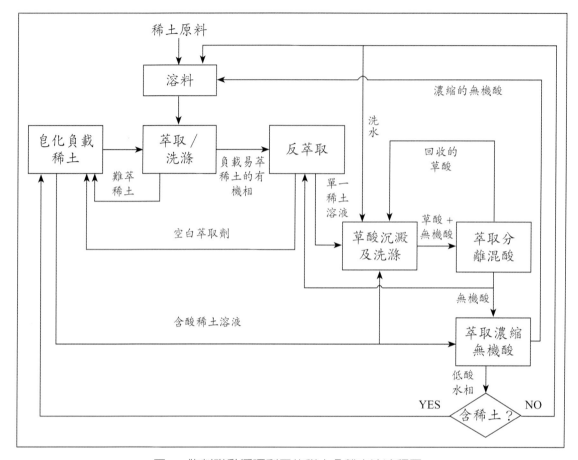

圖 6　物料聯動循環利用的稀土分離方法流程圖

圖片來源：中國專利 CN102676853B

(四) 稀土廢料再生處理

　　由於目前對於廢棄螢光燈中螢光粉回收循環利用的方法，多會有雜質較多或在焙燒過程會產生大量酸性廢氣而導致環境汙染問題。為此，在稀土廢料再生處理方面，「研究院」開發一種稀土廢料的回收方法[15]，包括向稀土廢料中加入分解助劑和助熔劑粉末，經過 600～1400℃溫度下焙燒 1～6 小時後，加入酸溶液進行酸溶以過濾分離酸浸液中的稀土元素和其他金屬元素，從而稀土元素和包括 Al 在內的有價金屬元素均留在酸浸液中，廢料中有價元素回收率高，可降低廢料處理成本，減少資源消耗，並能減少對環境的危害，最終產品還能循環利用。

15　中國專利公告號 CN102643992B，一種稀土廢料的回收方法，五礦（北京）稀土研究院有限公司，專利公告日 2014 年 07 月 30 日。

稀土提取分離傾向更加環保

稀土金屬之所以稀有，不是因為它們真的稀缺，而是因為提取分離過程相當困難。從礦產開採稀土出來，必須經歷複雜的化學蒸餾條件，過程中會對附近的環境造成汙染。再者，從礦石中提取稀土元素也會產生有毒和放射性的酸洗液，對公眾健康和環境都是莫大的隱憂。因此，稀土的提取分離技藝肯定是傾向更加環保安全的趨勢發展。

美國賓州州立大學（PSU）與美國勞倫斯利佛摩國家實驗室（LLNL）團隊即開發出一種利用蛋白提取稀土元素的方法[16]，係仰賴一種稱為LanM（lanmodulin）的細菌蛋白，用以提高稀土金屬提取與分離過程的效率，同時減輕環境負擔。此外，由於稀土是生產智慧型手機必備的關鍵材料，在滿足世界追逐科技慾望的同時，更應該極力避免國家地土及其所居住的環境，承受排放有毒化學物質等環境汙染的代價；劍橋大學研究團隊為此發現一種環保安全的方法來提取稀土元素，進而保護地球，也是其中一例[17]。

4.3　從中國專利申請看 R-T-B 系永久磁鐵研發方向 [18]

中國在稀土材料方面有完整的研發機構，如中國科學院及包頭稀土研究院等，在產業方面有廈門鎢業、有研稀土及金龍稀土等，其中廈門鎢業股份有限公司（簡稱廈門鎢業）的營運架構，包含鎢、鉬、稀土、能源新材料及房地產，主要從事鎢精礦、鎢鉬中間製品、各種稀土氧化物、稀土金屬、稀土發光材料、磁性材料、鋰電池正極材料及其他能源新材料的研發、生產和銷售，其中鎢冶煉產品的生產能力居世界第一，是中國最大的鎢鉬產品生產與出口企業，同時也是六大稀土集團之一。廈門鎢業近年來靠鎢鉬、能源新材料及稀土等業務利潤大增。2022 年 9 月廈門鎢業與北方稀土簽署戰略合作協定，優先保障公司控股企業對於鑭、釹、鐠、鈰等稀土金屬的採購供應。此次簽署戰略合作協定是南北兩大稀土集團在稀土領域的強強聯手，對於提升中國稀土產業集中度和國際話語權具有重要意義。

福建省長汀金龍稀土有限公司（簡稱金龍稀土）是福建省稀土產業的龍頭企

16　https://www.psu.edu/news/research/story/new-environmentally-friendly-method-extract-and-separate-rare-earth-elements/

17　https://www.bbc.com/future/article/20171024-an-eco-friendly-way-to-make-smartphones

18　芮嘉瑋，從中國專利申請看 R-T-B 系永久磁鐵研發方向，北美智權報 320 期，2022/11/09，http://www.naipo.com/Portals/1/web_tw/Knowledge_Center/Research_Development/IPNC_221109_1401.htm

業,為廈門鎢業 2006 年收購之全資子公司,主要從事稀土分離、加工及稀土功能性材料的研發,擁有從稀土礦開採、分離、精深加工(螢光粉、磁性材料)等完整的產業鏈優勢。金龍稀土未來的發展戰略,以稀土深加工為重點,不斷壯大和延伸稀土產業鏈。

在廈門鎢業與金龍稀土共同申請的專利中,有許多涉及 R-T-B 系永久磁鐵的原料組合物專利,包括釹鐵硼磁體材料、原料組合物及其製備方法和應用。

R-T-B 系永久磁鐵研發方向

為了作為支撐電子器件的關鍵材料,新型永磁材料的研發方向朝著兼及高磁能積與高矯頑力的方向進行。R-T-B 系永磁材料已知為永久磁鐵中性能最高的磁鐵,被用於硬盤驅動器的音圈電機(VCM)、電動車用(EV、HV、PHV 等)電機、工業設備用電機等各種電機和家電產品等。至於什麼是 R-T-B 系燒結磁鐵,R 指的是稀土元素,T 指過渡金屬元素及第三主族金屬元素,B 指硼元素,例如釹鐵硼(Nd-Fe-B)永久磁鐵,由於其優異的磁特性而被廣泛應用於電子產品、汽車、風電、家電及工業機器人等領域,例如硬碟、手機、耳機、和電梯曳引機、發電機等永磁電機中作為能量源等,其需求日益擴大,而諸如剩餘磁通密度(剩餘磁化 Br,簡稱剩磁)、內稟矯頑力(intrinsic coercivity,簡稱 Hcj)等磁鐵重要性能的要求也逐步提升。

含有稀土元素 R(釹等)、過渡金屬元素 T(鐵等)和硼 B 的 R-T-B 系永磁體具有優異的磁特性。作為表示 R-T-B 系永磁體的磁特性的指標,通常使用剩磁和內稟矯頑力。為了提升 R-T-B 系燒結磁鐵的剩磁,通常需要降低 B 含量,但是當 B 的含量較低時,不具有室溫單軸各向異性,會使得磁體的性能劣化。現有技術中,一般透過添加重稀土元素例如鏑(Dy)、鋱(Tb)、釓(Gd)等,以提高材料的矯頑力以及改善溫度係數,但重稀土價格高昂,採用這種方法提高 R-T-B 系燒結磁體產品的矯頑力,會增加原材料成本,不利於 R-T-B 系燒結磁體的應用。因此,在不添加或少量添加重稀土的情況下,如何採用低 B 體系(B < 5.88at%)製備得到高矯頑力、高剩磁的 R-T-B 系磁鐵是目前永磁領域亟待解決的技術問題。

此外,在製備 R-T-D 系永磁材料過程中,由於原料純度不夠,會引入一定含量的碳;同時由於釹鐵硼粉末活潑且流動性較差,需要添加抗氧劑、潤滑劑、脫模劑等有機添加劑,也會引入一定含量的碳。常規的製備工藝過程中,碳極易與活潑的富釹相結合,形成碳化釹,從而導致磁體的內稟矯頑力下降。因此,現面臨的技術難題是:一方面需要降低合金中的碳元素含量,另一方面由於製備工藝或原料原因

又不得不引入一定的碳源。這樣既矛盾又客觀的技術難題，亟需一種新的 R-T-B 系永磁材料的配方來克服上述技術難題。

控制 Al 含量改善磁鐵性能

為了克服現有技術中低 B 含量（B < 5.88at%）造成磁體性能變差且同一批次產品的磁性能不均一的問題，中國專利 CN111243812B 提供了一種 R-T-B 系永磁材料及其製備方法，該 R-T-B 系永磁材料的原料組合物包括：R：28.5～33.0 wt%；Ga：> 0.5 wt%；Cu：≥ 0.4 wt%；B：0.84～0.94 wt%；Al：0.05～0.07wt%；Co：≤ 2.5 wt% 但不為 0；Fe：60～70 wt%；N：Ti、Zr 和 Nb 中的一種或多種；當 N 包含 Ti 時，所述 Ti 的含量為 0.15～0.25 wt%；當 N 包含 Zr 時，所述 Zr 的含量為 0.2～0.35%；當 N 包含 Nb 時，所述 Nb 的含量為 0.2～0.5 wt%。所述百分比為各組分品質占該 R-T-B 系永磁材料總品質的品質百分比。藉由控制該 R-T-B 系永磁材料原料組合物中 Al 的含量，例如 Al 占所述原料組合物總品質的品質百分比為 0.05～0.07 wt %，同時將一定範圍含量內的 Ga 和 Cu 與其他元素做合適的組成配置，能夠製得磁體性能優異且且同一批次產品性能均一的 R-T-B 系永磁材料。

晶界擴散助力 Hcj 提升

為了解決 R-T-B 系永磁材料中碳元素導致磁體之內稟矯頑力（Hcj）下降的問題，美國專利公開號 US20220293309A1 提供一種 R-T-B 系永磁材料和將該 R-T-B 系永磁材料進行晶界擴散處理的製備方法[19]。該 R-T-B 系永磁材料包括以下組成：稀土元素 R：29.0～32.5 wt.%，且 R 包括重稀土元素（RH）；Cu：0.30～0.50 wt.%；Ti：0.05～0.20 wt.%；B：0.85～1.05 wt.%；C：0.1～0.3 wt.%；Fe：66～68 wt.%；其中稀土元素 R 至少包括釹（Nd），且重稀土元素（RH）至少包括鏑（Dy）或鋱（Tb）。該 R-T-B 系永磁材料中含有 Cu-Ti-C 晶界相，允許較高含量的碳，不需要額外控制碳含量，有助於生產管控；同時，因在擴散過程中形成 Cu-Ti-C 晶界相，抑制了 Nd-C 的生成，提供更多的擴散通道，有助於擴散過程 Hcj 的提升，例如：鋱（Tb）擴散 Hcj 提升了 1162kA/m，鏑（Dy）擴散 Hcj 提升了 883kA/m。圖 7 為製得的 R-T-B 系永磁材料觀察其磁體的晶相結構，掃描形成的 Nd、Cu、Ti、C 分布圖，其中點 1 為 Cu-Ti-C 相。

---

[19] US20220293309A1, R-T-B-BASED PERMANENT MAGNET MATERIAL, PREPARATION METHOD THEREFOR AND USE THEREOF, patent publication on 2022 September 15.

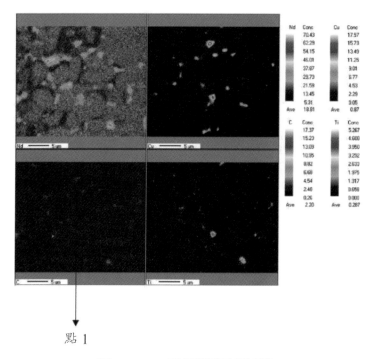

點 1

圖 7　R-T-B 系永磁體晶相結構

圖片來源：美國專利號 US20220293309A1

Nd-Fe-B 燒結磁體的通病

　　Nd-Fe-B 永磁材料自問世以來，以平均每年 20～30% 的速度增長，成為應用最廣泛的永磁材料。按製備方法，Nd-Fe-B 永磁體可分為燒結、黏結和熱壓三種，其中燒結磁體占總產量的 80% 以上，應用最廣泛。隨著製備工藝和磁體成分的不斷優化，燒結 Nd-Fe-B 磁體的最大磁能積已接近理論值。隨著近年來風力發電、混合動力汽車和變頻空調等新興行業的蓬勃發展對高性能 Nd-Fe-B 磁體的需求越來越大，同時，這些高溫領域的應用也對燒結 Nd-Fe-B 磁體的高溫性能提出了更高的要求。現有技術中，在製作耐熱、耐蝕型燒結 Nd-Fe-B 磁體時，Co 是用得最多而且最有效的元素，因為添加 Co 能夠降低磁感可逆溫度係數，有效提高居禮溫度，並且可以提高 NdFeB 磁體抗腐蝕性能。但 Co 的加入容易造成矯頑力下降，且 Co 的成本較高。因此，現有技術中通常透過 Al 的添加來補償 Co 添加造成的矯頑力降低。因為 Al 元素能在燒結過程中降低主相與周圍液相的浸潤角，透過改善主相與富釹相之間的微結構而提高矯頑力。然而，Al的過量加入會惡化剩磁和居禮溫度。

適量調節 C、Cu 及重稀土元素用量

　　爲了克服現有技術的釹鐵硼磁體透過添加 Co 來提高居禮溫度和抗腐蝕性能，而 Co 又容易造成矯頑力急劇下降、價格昂貴的缺陷以及 Al 的過量加入惡化剩磁和居禮溫度的缺陷，PCT 國際專利號 WO2021/244314A1 提供了一種釹鐵硼磁體材料的原料組合物[20]，包括輕稀土元素 LREE，所述 LREE 包括釹（Nd）、鐠（Pr）和／或釤（Sm）；其中，當所述 LREE 包含鐠（Pr）時，所述鐠（Pr）的含量爲 0～16mas%、且不爲 0；鈥（Ho），0～10mas%、且不爲 0；釓（Gd），0～5mas%；鏑（Dy），0～3mas%；鋱（Tb），0～3mas%；且 Gd、Dy 和 Tb 不同時爲 0；碳（C），0.12～0.45mas%；銅（Cu），0.12～0.6mas%；鎵（Ga），0～0.42mas%，且不爲 0；鈷（Co），0～0.5mas%；鋁（Al），0～0.5mas%；X，0.05～0.45mas%，所述 X 包括鈦（Ti）、鈮（Nb）、鋯（Zr）、鉿（Hf）、釩（V）、鉬（Mo）、鎢（W）、鉭（Ta）和鉻（Cr）中的一種或多種；硼（B），0.9～1.05mas%；其餘爲 Fe；mas% 爲各元素占所述釹鐵硼磁體材料的質量百分比；該釹鐵硼磁體材料的微觀結構包含主相、晶界外延層和富釹相；主相和晶界外延層分布有 Ho 和 C，富釹相分布有 Cu 以及 Dy 和／或 Tb；透過熔煉時添加適當用量的 C 和 Cu 以及重稀土元素，在不添加或者少量添加 Co 及 Al 時，調節材料的剩磁、矯頑力，同時改善高溫穩定性。該釹鐵硼磁體材料晶界連續性好（達 96.5% 以上），具有高剩磁、高矯頑力、良好高溫性能和良好的耐腐蝕性。圖 8 爲釹鐵硼燒結體的 SEM 圖，其中 1 爲主相，2 是晶界外延層，3 是富釹相。

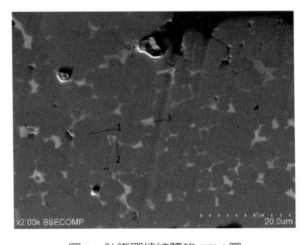

圖 8　釹鐵硼燒結體的 SEM 圖

圖片來源：PCT 國際專利號 WO2021/244314A1

---

[20] WO2021/244314A1, NEODYMIUM-IRON-BORON MAGNET MATERIAL, RAW MATERIAL COMPOSITION, PREPARATION METHOD THEREFOR AND USE THEREOF, patent publication on 2021 December 9.

稀土龍頭企業帶頭整頓亂象

　　稀土的非法開採從 20 世紀 90 年代就開始了。隨著開礦技術的普及，遍地開花的礦點防不勝防，非法盜採和低技術採礦在各地屢見不鮮。經過半個多世紀的強度開採，中國稀土資源儲量不斷下降，主要礦區資源加速衰減，原有礦山資源大多枯竭。低水準的開採並未促成稀土的技術開發，亂採亂挖反而會使稀土相關技術落後於其他發達國家。

　　中國中央政府目前積極對於稀土礦產亂採亂挖等亂象進行整頓，要求龍頭企業整頓中小型公司，例如金龍稀土為福建省特有礦山開採管理模式之樣版企業，近期為強化稀土功能材料的研發和應用，投入 1.5 億人民幣建立能源新材料（稀土材料）研發中心，同時為解決現況資源供需不確定問題，亦與龍岩市、三明市兩地方政府合作分別成立了由廈鎢控股的龍岩市稀土開發公司和三明市稀土開發公司，為金龍提供除長汀外的外部資源。

　　稀土關鍵戰略資源被譽為「工業黃金」，在不斷的低水準開採和粗加工情況下將會耗弱稀土大國的寶貴資源，隨著中國稀土集團的整併布局形成，龍頭企業發揮母雞帶小雞功能帶頭整併亂象，稀土產業亂象將有望得到有效抑制。

第三篇

稀土用途及科技應用

「你所喜愛的是內裡誠實；
你在我隱密處，必使我得智慧。」
（詩篇 51：6）

「當我們的知識擴大時，
我們所面臨的未知也隨之擴大。」
—— 愛因斯坦
As our circle of knowledge expands,
so does the circumference of darkness surrounding it.
— Albert Einstein

第五章 稀土在半導體領域的應用 [1]

1　芮嘉瑋，從研磨拋光到靶材　稀土巧扮半導體製程小幫手，新電子雜誌第 436 期，2022 年 7 月，頁 51-56。

在臺灣，稀土的產值很小，不可與半導體在產業規模上相提並論。按研調機構 IC Insights 預期，2022 年全球半導體產值可望達 6,806 億美元規模；然而，根據相關數據顯示，2018 年中國稀土產業鏈產值約 900 億元人民幣，即便估算到 2025 年，內蒙古稀土產業產值預估可達 1,000 億元人民幣，稀土與半導體的產值比起來真的小太多了。從產業規模來說，稀土與半導體產業或許不能相提並論，但就重要性而言，稀土元素的微量添加確實讓它在不同產業應用起了點石成金的作用，從而有「工業維生素」、「工業味精」或「工業潤滑劑」等美譽。

如同聖經馬太福音 5 章 13 節所說：「你們是世上的鹽。鹽若失了味，怎能叫他再鹹呢？……」。鹽是日常飲食中不可或缺的調味品，稀土對科技產業有異曲同工之妙。稀土規模雖小，但卻可達到四兩撥千斤的效果。

5.1 稀土於各領域應用分布

分析稀土在各領域應用的專利，以國際專利分類號（International Patent Classification, IPC）統計其占比分布（圖 1），發現所有稀土元素應用於半導體領域的專利占比為 6.8%，在稀土的所有應用領域中排名第七。本文以下就稀土元素在半導體領域的應用專利為例，探究稀土元素在半導體產業是如何產生工業維他命的效果。

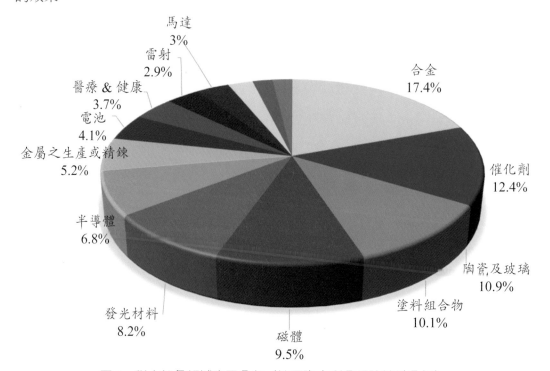

圖 1　稀土於各領域應用分布（按國際專利分類號統計分析）

5.2　稀土在半導體拋光用研磨液的應用

在研磨半導體用途和光學用途所使用之玻璃基板，係廣泛使用以氧化鈰為主成分且含有氧化釹、釔等的稀土元素之研磨材料。早在 1980 年代，就有諸如 US4786325A、US4942697A 和 US4529410A 等美國專利公開揭露稀土元素應用於玻璃工業的玻璃拋光組合物。例如美國專利 US4786325A 揭露一種製備拋光物質組合物的方法，專利主張的玻璃拋光組合物係由顆粒氧化鈰和至少一種鑭系元素或釔等稀土的無色氧化物的懸浮液組成，優選鑭、釹、鏑、釓、鏑、鉺、鐿、鑥、釔等稀土金屬氧化物或它們的混合物。該組合物用於拋光目的後可以再循環到玻璃或類似材料中。

研磨、拋光是半導體晶片加工過程中的重要工藝。化學機械研磨或稱化學機械拋光（chemical mechanical polishing, CMP）是積體電路製造過程中實現晶圓表面平坦化的關鍵技術，特別在半導體淺溝槽隔離（shallow trench isolation, STI）製程上，稀土氧化鈰更是關鍵材料。它主要是應用化學研磨液混配磨料的方式對半導體表面進行精密加工，而研磨劑的組成對製造晶片過程中晶圓表面研磨的均勻性、粗糙度等品質至關重要。

選自鈰以外之稀土類化合物的研磨劑組成物

旭硝子股份有限公司（Asahi Glass Company）申請一種供製作半導體絕緣膜之研磨的研磨劑組成物專利[2]，係使用具有 C-Si 鍵與 Si-O 鍵之有機矽材料。該研磨劑組成物係含有水與選自鈰以外之稀土氫氧化物、稀土氟化物、稀土氟氧化物、稀土氧化物之特定稀土化合物的粒子，其中上述特定稀土化合物之粒子為選自 La_2O_3、$La(OH)_3$、Nd_2O_3、$Nd(OH)_3$、Pr_6O_{11}、$Pr(OH)_3$ 及 $CeLa_2O_3F_3$ 之組合中其中一種稀土化合物。

該專利涉及半導體積體電路中用於層間絕緣之平坦化研磨的研磨劑組成物，含水與特定稀土類化合物之粒子的研磨劑組成物可使半導體積體電路製造步驟中有效平坦化具 C-Si 鍵與 Si-O 鍵之有機矽材料構成之絕緣膜，實現高度研磨速度，並減少研磨表面的裂化、刮傷、膜剝離等缺陷，用以製造半導體積體電路中具低介電常數、良好表面平坦性的絕緣膜，如圖 2 所示之層間絕緣膜（3）之截面經研磨後實

2　US7378348B2, Polishing compound for insulating film for semiconductor integrated circuit and method for producing semiconductor integrated circuit, Asahi Glass Company & Seimi Chemical Co. Ltd., Patent issued on 2008 May 27.

現被平坦化的研磨表面（6）。

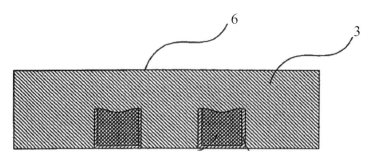

圖 2　半導體積體電路用絕緣膜透過含特定稀土類化合物研磨劑研磨後之狀況

圖片來源：美國專利公告號 US7378348B2

微波條件下氟化二氧化鈰拋光粉

　　眾所周知，稀土常被用作拋光材料，其中氧化鈰拋光粉硬度適中、使用壽命長、對拋光表面汙染小，在光學儀器玻璃、磁片玻璃基片、光學儀器玻璃等拋光領域，氧化鈰成爲眾多拋光材料中的最優之選。稀土氧化鈰拋光粉的拋光原理是化學機械拋光，對表面進行物理研磨的同時也不斷進行著化學反應。隨著科技的進步，用於高精尖設備上的裝置表面的粗糙度要求不斷提高，相應地對稀土氧化鈰拋光粉的性能及種類要求也越來越高。

　　目前市場上多對二氧化鈰進行氟化來改善其拋光性能。採用沉澱—焙燒的液相反應法製備氧化鈰拋光粉時，在合成拋光粉的前驅體時添加各種氟化劑，如 H_2SiF_6、HF 或 NH_4F 等，從而在拋光粉中引入氟離子。氟元素的加入明顯地提高了拋光粉的拋光性能，但仍存在著明顯的團聚現象，且粒徑分布不均勻。如何改善團聚問題，內蒙古科技大學申請一種微波條件下氟化二氧化鈰拋光粉的製備方法專利[3]，步驟包括：將 $Ce(NO_3)_3 \cdot 6H_2O$ 溶於去離子水，以微波方式預熱，向其中加入 NH_4F；將 NH_4HCO_3 溶於去離子水，向其中加入預熱後的 $Ce(NO_3)_3 \cdot 6H_2O$ 與 NH_4F 混合溶液，在微波條件下恆溫沉澱反應生成 $Ce_2(CO_3)_3$ 前驅體：將該前驅體反應液進行過濾得到沉澱，恆溫乾燥，研磨成粉，進行焙燒、製得氟化二氧化鈰拋光粉。

　　該專利提供了一種微波環境下合成粒徑均勻、分散性較好的球形奈米二氧化鈰

---

[3]　CN112266730B，一種微波條件下氟化二氧化鈰拋光粉的製備方法，內蒙古科技大學，專利公告日 2021 年 8 月 31 日。

的製備方法。圖 3 為微波條件下氟化二氧化鈰的 SEM 圖，說明微波條件對於拋光粉顆粒的團聚有明顯的抑制作用，所製得的二氧化鈰顆粒分散性較好、結晶度高，形貌規整呈類球形，並且微波條件可以細化拋光粉顆粒粒徑，細微性分布均勻，進一步提高了氟化二氧化鈰粉體的拋光效率和拋光精度。

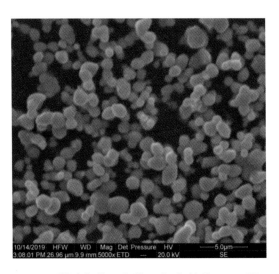

圖 3　微波條件下氟化二氧化鈰的 SEM 圖

圖片來源：中國專利公告號 CN112266730B

5.3　具有稀土氧化物的半導體結構

具有稀土氧化物的半導體結構，在半導體製造過程中至少具有降低半導體結構的晶體缺陷以及退火熱處理時可有效去除雜質等優勢。

降低半導體結構的晶體缺陷

在半導體領域，為了獲得高密度晶片，採用三維結構是發展方向之一，例如具有多層堆疊結構的記憶體晶片是目前高密度存儲技術的重要技術趨勢。北京清華大學申請一種具有稀土氧化物的半導體結構專利[4]，如圖 4 所示，包括：半導體襯底（100）；以及形成在半導體襯底（100）上的交替堆疊的多層絕緣氧化

4　US9105464B2, Semiconductor structure with rare earth oxide, Tsinghua University (Beijing CN), patent issued on 2015 August 11.

物層（201）、（202）……（20x）和多層單晶半導體層（301）、（302）……（30x）。其中，與半導體襯底（100）接觸的絕緣氧化物層（201）的材料為稀土氧化物或者二氧化矽，其餘的絕緣氧化物層（202）至（20x）的材料為單晶稀土氧化物。藉由絕緣氧化物層和單晶半導體層之間的晶格匹配，在單晶半導體層上形成單晶稀土氧化物層的半導體結構，可以顯著降低半導體結構的晶體缺陷，從而有利於在該半導體結構上進一步形成高性能、高密度的三維半導體裝置，實現高密度三維積體電路。

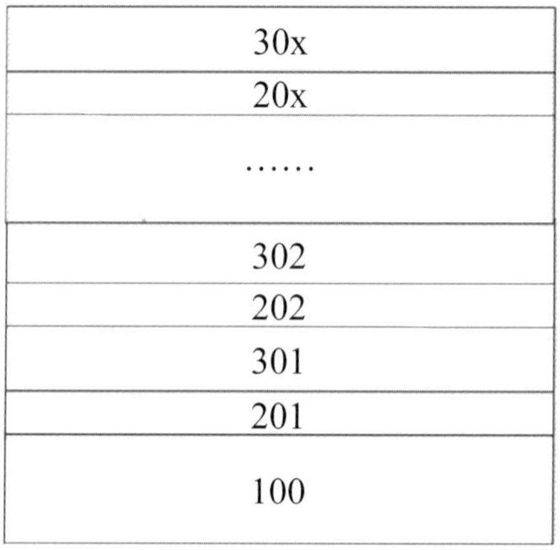

圖 4　具有稀土氧化物的半導體結構示意圖

圖片來源：美國專利公告號 US9105464B2

有助退火等熱處理時去除雜質

日商東芝記憶體股份有限公司（Toshiba Memory Corp.）申請一種具備稀土類氧化物層之半導體裝置專利[5]，該半導體裝置的結構（圖 5）包括：稀土類氧化物層（rare earth oxide layer，簡稱 REO 層）11、REO 層 11 上之結晶磁性層 12 以及結晶磁性層 12 上之非磁性層（或稱晶種層）13。結晶磁性層 12 被夾於 REO 層 11 及非磁性層（晶種層）13 之間。稀土類氧化物層 11 係發揮用於去除雜質之重要作用，即稀土類氧化物層 11 具有元素彼此之間隔相對較寬之結晶構造，當進行熱處理（用於結晶之退火步驟）時，可降低結晶磁性層 12 內之雜質。另一方面，稀土類氧化物層 11 係氧化物之標準產生自由能（standard free energy of formation）之絕對值較大，且非常穩定之氧化物。即，於退火等熱處理中，即便稀土類氧化物層 11 之溫

5　TWI688131B，半導體裝置，日商東芝記憶體股份有限公司，專利公告日 2020 年 3 月 11 日。

度上升，稀土類元素與氧元素亦難以解離（dissociation）。因此，於熱處理中，稀土類氧化物層 11 內之稀土類元素或氧元素不會擴散至結晶磁性層 12 內，且亦不會阻礙結晶磁性層 12 之結晶化。

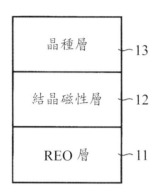

圖 5　具備稀土氧化物層之半導體裝置

圖片來源：台灣專利公告號 TWI688131B

5.4　半導體元件內連線之高溫超導體材料重要組成：稀土元素釔

　　半導體元件製程在形成金屬內連線的技巧上經歷了重要的改變。過去，常使用鋁作爲金屬內連線並以二氧化矽作爲介電層。之後，較佳係以銅作爲金屬內連線，並使用包括無機或有機的低介電常數（low dielectric constant, low-k）材料。而銅內連線的形成方式通稱爲單鑲嵌與雙鑲嵌製程。然而，銅雖有其優點，卻很容易擴散至用於半導體元件製造的介電材料中，半導體元件中之銅擴散至介電材料中會造成可靠度上的問題（例如短路）。因此，典型的方式係於作爲導體及導線的銅與半導體元件的介電材料之間形成一擴散阻障層。該擴散阻障層典型地形成於銅內連線之溝槽及介電洞之底部或側壁以避免銅擴散至周圍二氧化矽或其他介電材料中。

　　不幸地，傳統擴散阻障材料對銅之黏著力差且會剝離因而產生不良之界面特性。因此在其半導體元件及其製作方法中，會沉積一高溫超導體層於該阻障層上，且該高溫超導體層材料包括鋇銅氧以及一稀土元素（稀土鋇銅氧），而該稀土元素以釔（yttrium）特別合適，例如釔鋇銅氧。最後再沉積一導電金屬並覆蓋

該高溫超導體層以作為導線或半導體元件內連線。如台積電專利[6]所主張之一種半導體元件（圖6），包括：一介電層（12），其中定義有至少一孔隙；一阻障層（18），沿著該至少一孔隙之底部及側壁形成；一高溫超導體（high temperature superconductor, HTS）層（20），順應性的形成於該至少一孔隙中之該阻障層（18）上；以及一金屬或金屬合金，填充於該介電層（12）之該孔隙中。其中，高溫超導體層（20）較佳係以釔鋇銅氧以類似三明治結構被夾於擴散阻障層（18）及鉭層（22）之間。從而該高溫超導體層（20）具有良好的黏著力以及在孔隙、溝槽或介層孔之寬度低於300時仍能提供低電阻。

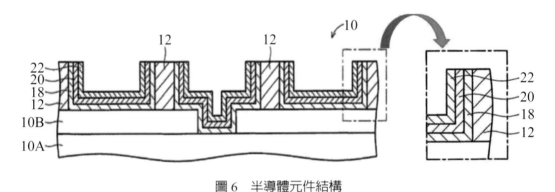

圖6 半導體元件結構

圖片來源：台灣專利號TWI319215B，作者改繪

5.5 鐵電場效應電晶體之鐵電材料重要組成：稀土元素鈧

場效應電晶體（field-effect transistor, FET）為具有源極端子、汲極端子以及閘極端子的3個端子半導體裝置。通過施加到閘極的電壓來控制，電流穿過導電通道區在源極與汲極之間流動。鐵電場效應電晶體（ferroelectric field effect transistor, FE-FET）是包含鐵電材料的電晶體，且鐵電材料包夾在裝置的閘極電極與源極—汲極導電區之間。由於鐵電材料具有可由施加電場在方向上進行切換的電荷極化，台積電申請一種包含氮化鋁鈧（AlScN）合金的鐵電材料電晶體裝置專利[7]，該電晶體裝置的結構包含閘極層（141）、結晶通道層（120）、鐵電層（131）以及源極

---

6 TWI319215B，半導體元件及其製作方法，台灣積體電路製造股份有限公司，專利公告日2010年1月1日。

7 US20210391471A1, SEMICONDUCTOR DEVICE AND METHOD OF FABRICATING THE SAME, Taiwan Semiconductor Manufacturing Company, Patent publication on Dec. 16, 2021.

和汲極（圖7）。該閘極層（141）和鐵電層（131）形成一閘極結構（13G），且鐵電層（131）安置在閘極層（141）與結晶通道層（120）之間。其中，鐵電層（131）係由鋁、稀土元素鈧（Sc）以及氮所組成，且該鐵電層（131）具有大於22%但小於50%原子百分比之鈧（Sc）含量的氮化鋁鈧（AlScN）層，即稀土元素鈧（Sc）含量原子％為22% ≦ Sc ≦ 50%。氮化鋁（AlN）本身具有纖鋅礦晶體結構且具有強自發極化和壓電效應，再將一定量的稀土元素鈧（Sc）引入到氮化鋁（AlN）中形成的鐵電材料，可增大壓電效應，同時維持纖鋅礦結構。

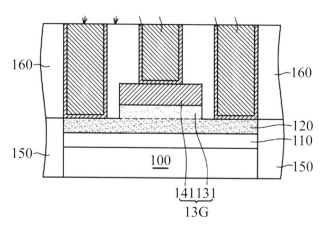

圖7　鐵電場效應電晶體的示意性橫截面圖

圖片來源：美國專利公開號 US20210391471A1

5.6　調整化合物半導體鐵磁特性

　　日本獨立行政法人科學技術振興機構（Japan Science & Technology Agency）申請一種鐵磁性的 III-V 族系化合物半導體或 II-VI 族系化合物半導體以及此等化合物半導體之鐵磁性的調整方法專利[8]。藉由非平衡結晶成長法將由 Ce、Pr、Nd、Pm、Sm、Eu、Gd、Tb、Dy、Ho、Er、Tm、Yb 及 Lu 之稀土金屬元素群中選出至少 1 種金屬，在低溫取代 III-V 族系化合物半導體之 Ga 或 II-VI 族系化合物半導體之 Zn 等金屬的 1 at%～25 at%（使混晶），可充分的製得單晶。又，藉由使用上

8　WO2003/105162A1, "Ferromagnetic IV group based semiconductor, ferromagnetic III-V group based compound semiconductor, or ferromagnetic II-IV group based compound semiconductor, and method for adjusting their ferromagnetic characteristics", Japan Science & Technology Agency, patent publication on 2003 December 18.

述 Ce、Pr、Nd、Pm、Sm、Eu、Gd、Tb、Dy、Ho、Er、Tm、Yb 及 Lu 之稀土金屬元素群中選出至少 1 種金屬混晶入 III-V 族系化合物半導體或 II-VI 族系化合物半導體，利用電子狀態之變化摻雜空穴或電子的增減，可調整鐵磁特性。因此，該專利技術特徵係透過該等稀土金屬濃度之調整或 2 種以上稀土金屬之組合，與添加 n 型摻雜劑或 p 型摻雜劑，從而調整 III-V 族系化合物半導體或 II-VI 族系化合物半導體的鐵磁性特性。

5.7　使用稀土類氧化物作爲電晶體閘極結構摻雜劑

在半導體製造過程中，爲了使 n 型場效電晶體與 p 型場效電晶體具有低臨界電壓，可使用不同濃度的稀土金屬基（rare-earth metal based）摻質來摻雜 n 型場效電晶體與 p 型場效電晶體閘極結構的高介電常數閘極介電層。稀土金屬基摻質的不同濃度可在 n 型場效電晶體與 p 型場效電晶體閘極結構中產生具有變化偶極濃度的偶極層。舉例來說，台積電申請一種具有奈米結構之半導體裝置的製造方法專利[9]，就是利用稀土金屬基摻雜高介電常數閘極介電層，將稀土類氧化物作爲電晶體閘極結構摻雜劑。該製造方法至少包括：沉積圍繞奈米結構通道區的高介電常數介電層；以及使用稀土金屬基摻質並分別以不同的稀土金屬基摻質濃度對高介電常數介電層進行二次摻雜步驟。稀土金屬基摻質包括諸如氧化鑭（La_2O_3）、氧化釔（Y_2O_3）、氧化鈰（CeO_2）、氧化鐿（Yb_2O_3）、氧化鉺（Er_2O_3）等稀土金屬氧化物。高介電常數閘極介電層可具有不同的稀土金屬基摻質濃度，且該稀土金屬基摻質濃度介於 0.1 原子百分比至 15 原子百分比之間。

如圖 8 所示，沿著垂直軸（Z 軸）穿過高介電常數閘極介電層 128N1-128N3 與 128P1-128P3，繪示出高介電常數閘極介電層中稀土金屬基摻質的摻雜輪廓，稀土金屬基摻質在高介電常數閘極介電層（128N1-128N3 及 128P1-128P3）接近界面氧化物層的區域中可具有較低的濃度。

9　TW202205360A，半導體裝置的製造方法，台灣積體電路製造股份有限公司，專利公開日 2022 年 2 月 1 日。

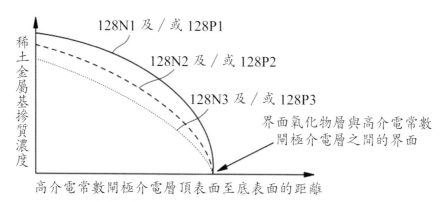

圖8 高介電常數閘極介電層中稀土金屬基摻質的摻雜輪廓

圖片來源：台灣專利號 TW202205360A

5.8 半導體靶材領域也有稀土身影

在半導體靶材領域，也有稀土身影出現。例如，一種用於半導體裝置之電極薄膜的濺鍍靶[10]，係由以鋁為基之合金所製成，其包含一種以上選自於由稀土元素之群組中的添加劑，且稀土元素含量介於 0.01 至 3 的原子百分比（at%）。稀土元素可包括釹（Nd）、釔（Y）以及週期表中從 La（原子數 57）至 Lu（原子數 71）的鑭系元素。以鋁為基之合金薄膜包含稀土金屬，可滿足高熱穩定性及低電阻率的需求。該靶材及最終獲得之電極會抑制小丘的生長並降低電阻率，使得該電極適合用來作為活性基材液晶顯示器。

在半導體薄膜材料技術領域，另有涉及一種具有內稟鐵磁性的稀土金屬離子摻雜 ZnO 稀磁半導體薄膜專利[11]，係以稀土金屬離子鉺（Er）和鋁（Al）施體（donor）摻雜的方式，並以陶瓷靶材為基礎，採用感應耦合電漿物理氣相沉積（ICP-PVD）技術，使鉺（Er）均勻摻雜到 ZnO 晶格中，製備高品質、低電阻率、具有內稟鐵磁性的 ZnO 基稀磁半導體薄膜。所得薄膜化學組成符合化學通式 $Zn_{1-x-y}Er_xAl_yO$，$0 < x \le 0.03$，$0 < y \le 0.02$，廣泛應用於自旋電子裝置中。

---

[10] WO2006/041989A3, SPUTTERING TARGET AND METHOD OF ITS FABRICATION, TOSOH SMD, INC., Patent publication on Aug. 3, 2006.

[11] CN102270737A，一種具有內稟鐵磁性 ZnO 基稀磁半導體薄膜及其製備方法，中國科學院上海矽酸鹽研究所，專利公開日 2011 年 12 月 7 日。

5.9　發展稀土回收助國內企業實現 ESG

　　稀土元素在大多數電子設備的製造中發揮著不可或缺的作用。稀土材料短缺問題，將會讓許多電子零組件的生產受影響，因為中國幾乎壟斷了多數稀土金屬的生產，中美貿易爭端更是讓這些稀貴金屬的價格上漲，不斷上漲的價格也會影響半導體供應鏈中的每一個後續步驟。

　　半導體產業供應鏈從半導體拋光使用的研磨液、高階 high-k 介電質使用的氧化物或摻雜以及自旋極化（spin-polarized）記憶體使用的磁性薄膜，都嚴重依賴稀土金屬自然資源。COVID-19 削弱的供應鏈、價格飆升的需求以及中美兩國之間政治緊張的相互作用下，中國以外的替代性稀土供應來源被認為是國際間權衡之下的解決之道。供應短缺使得稀土材料價格水漲船高，但開採這些礦藏未必符合經濟效益。臺灣有很強的半導體大廠，但很少有稀土產業。稀土料源或可尋求國內貿易商或代理商進口，在淨零碳排趨勢下，永續發展成為顯學，以循環經濟理念發展稀土回收，有助企業實現環境、社會及公司治理的 ESG 目標。

第六章　稀土在電動車永磁馬達的應用[1]

1　芮嘉瑋，稀土產業的現況與未來—以構成電動車馬達關鍵材料釹磁鐵為例，專利師季刊第 41
　　期，2020 年 4 月，頁 84-106。

　　近年來電動車在全球新能源汽車轉型升級的政策驅動下高速發展。基於車輛電動化，原本車輛上的裝置、零組件已漸被淘汰，電動車產業的發展帶動零組件消長，馬達取代了引擎，連帶驅動引擎的活塞環、燃油噴射裝置、火星塞等重要零組件都將因電動化的浪潮而退場。再者，因為電力代替燃油，汽油也不需要了。全球電動化浪潮下，電動車構造也因電動車革命而使新的零組件需求增加，首先是馬達，其次是電池。電動車構造如圖 1 所示。

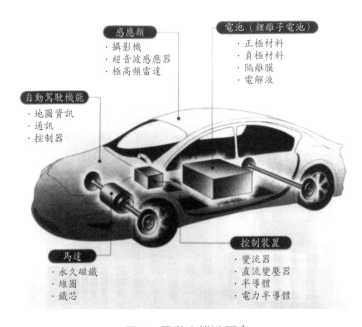

圖 1　電動車構造圖 [2]

　　電動車是靠電力運行的車輛，透過驅動電機吸收電池功率從而將電能轉化為驅動汽車行駛的動力。驅動電機的性能直接影響汽車性能，目前電動車係使用永磁同步電動機（permanent-magnet synchronous motor, PMSM）。PMSM 是指一種轉子用永久磁鐵代替繞線的同步馬達，內置於永磁同步馬達的是一種在轉子內側放置一層永磁體，主要利用永磁轉矩、磁阻轉矩為輔助的電機，透過提高永磁體的性能以提高電機性能。由於永磁體的成本可以極大地決定用於電力推進應用的 PMSM 的最終成本，故為電動汽車最核心的部件。基於車輛電動化的趨勢，馬達的需求增加，從而製造馬達的零件需求也增加。馬達主要係由永久磁鐵、線圈及鐵芯等關鍵零件

2　村澤義久著，葉廷昭譯，圖解電動車大未來：從燃油引擎轉換為電動馬達的全球巨大商機，2019年，109 頁。

構成。電動車馬達中之永久磁鐵的磁力越大，保磁性越高，選擇適合的永久磁鐵可以提升馬達的性能，其材料將是關鍵，從而永磁材料是永磁同步馬達研究的重點。基於電動車馬達所需的特性包括高效率、高扭矩和單位容積功率（power per unit volume），也就是要有良好的動態響應、簡單的結構和高可靠性。爲了使馬達中之永久磁鐵滿足這些特性，目前新一代電動汽車是使用稀土永磁材料[3]，其中又以稀土釹鐵硼磁鐵（neodymium-iron-boron magnets, NdFeB magnets）最爲顯著[4]。

　　永磁材料是電動車永磁同步電機研究的重點，稀土元素（rare earth elements, REE）又是滿足全球低碳綠色循環經濟產業趨勢的關鍵要素，稀土永磁電機因其具有更高的效率和功率密度在許多應用中已逐漸取代了傳統的馬達和發電機，使得稀土永磁體成本占電機總成本的比例逐年增長。對汽車產業而言，稀土磁鐵就是一種強力永久磁鐵，其對電動馬達的運作更是有利，足以提升馬達的性能。

　　近來全球電動車產業運用稀土永磁材料開發生產耐高溫且不易消磁的高性能馬達，因此含有稀土永磁成分的磁鐵（稀土磁鐵）成爲現階段被重視且廣泛應用的熱門材料，帶動整個稀土產業永續的發展。其中的「磁王」釹鐵硼是當今世界上磁性最強的永磁材料，其係由稀土中的釹、氧化鐵與硼的合金構成，在所有 17 種稀土元素中應用最爲廣泛的稀土元素就是「釹」，從而釹鐵硼永磁材料（釹磁鐵）目前被廣泛應用於電動車的永磁馬達[5]。

6.1　稀土永磁材料

永久磁鐵種類

　　磁鐵或稱磁石，是可以吸引鐵並於其外產生磁場的物體。磁鐵分爲永久磁鐵與非永久磁鐵。非永久磁鐵在磁化後無法長期保有磁性，也稱爲軟磁鐵，只有在某些條件下會有磁性，通常是以電磁鐵的形式產生，也就是利用電流來強化其磁場；永久磁鐵在磁化後保有磁性期間長，稱爲永久磁鐵或硬磁鐵。

　　常用的永磁材料構成永久磁鐵，具有三大分類：鋁鎳鈷合金（Alnico）、鐵氧

───────────────────

3　K. Habib, H. Wenzel, Exploring rare earths supply constraints for the emerging clean energy technologies and the role of recycling, J Clean Prod, 84 (2014), pp. 348-359, *available at* https://doi.org/10.1016/j.jclepro.2014.04.035 (last visited Jan. 23, 2021).

4　V.S. Ramsden, P. A. Watterson, G.P. Hunter, J.G. Zhu, W.M. Holliday & H.C. Lovatt, et al., *High-performance electric machines for renewable energy generation and efficient drives*, 22 RENEW ENERGY 159-167 (2001), *available at* https://doi.org/10.1016/S0960-1481(00)00054-9 (last visited Jan. 23, 2021).

5　萬年生、徐右螢，絕殺稀土戰，今周刊，2019 年 9 月，1184 期，79 頁。

體（Ferrite）以及稀土磁鐵（rare-earth magnets）。鋁鎳鈷合金磁鐵係由金屬鋁、鎳、鈷、鐵和其他微量金屬元素構成的合金，由於這種磁鐵矯頑場（coercive field, Hc）比較低而容易消磁（demagnetize），全球各地的需求已減少。鐵氧體磁鐵係以氧化鐵為其主要成分的陶瓷材料，故又稱陶瓷磁鐵（ceramic magnets），這種磁鐵便宜又很容易生產。估計全球永久磁鐵銷售額，鐵氧體磁鐵約占三分之一，其餘三分之二主要是稀土磁鐵。至於稀土磁鐵係由稀土元素合金所組成的強力永久磁鐵，其中常見的有稀土鈷磁體（rare earth-Cobalt magnets）、釤鈷型磁鐵（Samarium Cobalt magnets）及釹磁鐵（Neodymium magnets，又稱釹鐵硼磁鐵）。

　　早期主要使用具有高殘餘磁通密度（high residual magnetic flux densities）和高矯頑力（high coercive forces）的稀土鈷磁體。然而，因為稀土鈷磁體具有含量高達 50%～60% 重量百分比的釤（Sm）和鈷（Co），是非常昂貴的磁體材料，嚴重阻礙了取代鐵氧體和鋁鎳鈷合金等磁鐵的可能性[6]。另，釤鈷型磁鐵係由釤、鈷和其他如鋯、鐵等微量元素（minor elements）經配比、溶煉成合金，再經粉碎、壓型、燒結後製成的一種磁性材料。釤鈷磁鐵有兩種組成比，其（釤原子：鈷原子）為 1：5 和 2：17 而分別以 $SmCo_5$ 和 Sm_2Co_{17} 表示，雖都具有良好的耐腐蝕性和出色的熱穩定性，但其磁力次於釹鐵硼磁鐵而是現今磁性第二強的磁鐵，且同樣也因為釤與鈷二元素價格昂貴，在 1985 年後已被釹鐵硼磁鐵取代。據估計，稀土磁體的總貿易中約有 5% 屬於此類。

　　釹鐵硼磁鐵（NdFeB magnets）係以稀土金屬釹（Nd）、金屬元素鐵（Fe）、非金屬元素硼（B）為基礎的永磁材料，不僅價格比釤鈷型磁鐵便宜很多，且研究已證實商用 NdFeB 磁鐵的磁能積最大值（BH）max 高於傳統稀土鈷磁體許多且可獲得高達 48.4 MGOe。相較之下，釹鐵硼磁鐵的優點是性價比高且具良好的機械特性，係當今世界上磁性最強的永久磁鐵。它也是最常使用的稀土磁鐵，故常以「稀土磁鐵」為釹鐵硼磁鐵之別稱，或稱「釹磁鐵」（Neodymium magnet）。釹鐵硼磁鐵又分為燒結釹鐵硼和黏結釹鐵硼二類為代表。燒結釹鐵硼磁鐵係以粉末冶金燒結（powder-metallurgy sintering）的方式生產，大多數釹鐵硼型磁鐵以此方式生產。釹鐵硼燒結磁鐵是現代社會中許多技術的核心，但相較於其他類型永磁材料，它的居禮溫度和熱穩定性均很低，製造過程中為提升矯頑力常添加重稀土元素（HREE）。

6　Matsuura, Y., Sagawa, M. & Fujimura, S., "Process for producing permanent magnet materials", Sumitomo Special Metals Co. Ltd., 1986 July 1, US Patent US4597938A.

稀土永磁材料專利全球布局概況

　　基於全球各國地質條件上擁有或多或少不同的稀土資源，本文以稀土永磁材料之主題並使用科睿唯安的 Derwent Innovation 專利檢索分析平台為資料源進行專利檢索，檢索截至 2019 年 12 月為止。稀土永磁材料全球專利申請係以日本、中國大陸和美國三國為主，占全球專利申請總量超過九成（91%），圖 2 呈現各國稀土永磁材料專利申請量占比圖，其中，中國大陸占全球稀土永磁材料專利總申請量的 41%，日本占 37%，美國占 13%，其他國家占 9%。

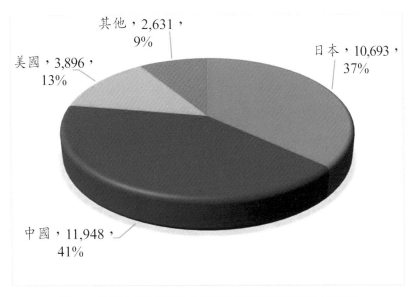

圖 2　全球主要國家稀土永磁材料專利申請量占比圖

　　另，圖 3 顯示全球及中國大陸、美國、日本等國家之稀土永磁材料相關專利申請趨勢圖。從圖 3 可獲悉首次出現稀土永磁材料的專利是在 1960 年代申請。整體趨勢可將稀土永磁材料歷年專利申請分為 1960～1987 年、1987～1997 年、1997～2004 年及 2005 年至今等 4 個階段，中國大陸、日本和美國於上述 4 個不同時期的專利增長趨勢和引領作用整理如表 1。觀察圖 4 和表 1，發現 2004 年以前日本稀土永磁材料歷年專利申請趨勢與全球專利趨勢一致，表示自 1960 年至 2004 年之間日本主導引領全球稀土磁性材料的專利申請趨勢，2005 年後至今則改由中國大陸主導。1987 年以前礙於中國大陸專利法尚未實施使得中國大陸幾乎沒有稀土磁性材料專利，自 2005 年起中國大陸專利才開始快速增長；反之，日本稀土專利自 2005 年開始下降，可見 2005 年是稀土永磁材料出現引領主導性轉折變化的一年，且於 2007 年中國大陸專利量超過日本並一直保持領先至今。美國稀土永磁材料專利則歷年來一路平穩緩慢地增長。

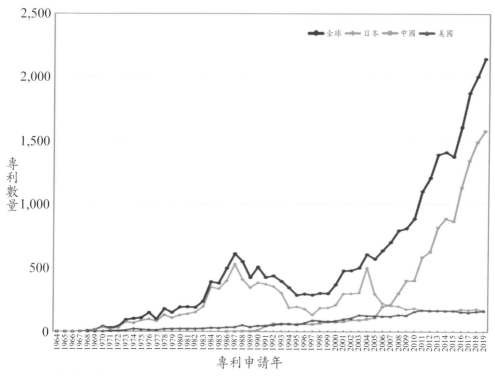

圖 3　全球及中國大陸、美國、日本等國家之稀土永磁材料相關專利申請趨勢圖

表 1　全球主要國家稀土永磁材料專利申請趨勢（劃分 4 個不同時期）

	國　別	1960～1987 年	1987～1997 年	1997～2004 年	2005 年至今
趨　勢	全　球	整體專利量呈增長趨勢	整體專利量呈下降趨勢	全球專利呈現快速增長趨勢	
	中國大陸	專利量幾乎空白（中國大陸專利法於 1985 年才開始實施）	萌芽	中國大陸由萌芽期向突破期轉折	快速增長
	日　本	快速增長	快速下降	增長	下降
	美　國	萌芽	萌芽	從萌芽期至突破期，再至穩定期的快速轉變	平穩
專利引領國別		日本引領專利量增長	日本引領專利量下降	日本引領專利量增長	中國大陸引領專利量增長
備　註		出現了第一代至第三代稀土永磁材料	—	—	2007 年中國大陸專利量超過日本並一直保持領先至今

　　以專利申請權人歸納中國大陸、日本和美國等國家稀土磁性材料之研發主體的屬性，日本大致上係以企業爲主，中國大陸爲科研機構和大學爲主，美國則較多元但專利量相對較少。

　　另，全球稀土永磁材料專利依照其上中下游技術分類，大致可歸類爲上游稀土磁粉及製備、中游稀土磁材製造與防護、下游稀土磁材應用。整體觀之，中國大陸、日本和美國 3 個國家均比較重視下游稀土磁性材料應用領域的專利布局。中國大陸專利主要布局在產業鏈的中游磁材製備和下游磁材應用，在上游磁粉製備方面的布局較弱。中國大陸在中游稀土磁材製備上，專利主要布局的技術群聚包括釹鐵硼（Nd-Fe-B）燒結磁體、非晶合金、軟磁合金、鈷基磁性材料、高分子／磁粉複合材料製備等；中國大陸在下游磁材應用方向上，專利主要布局的技術群聚包括電機、磁性緊固器件、感應線圈、磁管以及分子磁性材料等。

　　日本專利主要布局在上游磁粉製備以及下游磁材應用技術，在中游磁材製備技術上的布局相對薄弱。日本在上游磁粉製備技術上布局了大量的專利，基本涵蓋了燒結磁粉、黏結磁粉等磁粉製備的技術群聚，包括釹鐵硼型快速固化磁粉及其製備技術、氣體霧化法、利用稀土氧化物製備稀土—鐵—氮型磁粉或含銅稀土鐵硼型磁粉。日本在下游布局的技術包括磁記錄材料、燒結磁體抗腐蝕方法、電機轉子芯及軸向徑向磁環、印表機滾軸、稀土超導材料、無取向電工鋼以及稀土磁體等硬脆材料的切斷裝置。

　　美國專利主要集中布局下游稀土磁材應用，在中游稀土磁材製備的布局很少，在上游磁粉製備也有少量布局。美國麥格昆磁公司因爲擁有釹鐵硼快速固化磁粉的成分專利和技術專利，成爲全球最大的釹鐵硼型快速固化磁粉（黏結釹鐵硼磁粉）供應商，其在日本、美國和中國大陸的成分專利已相繼於 2004 年、2012 年及 2014 年到期。美國在下游布局的專利技術在中日美 3 個國家中是最廣的，不僅包括傳統的永磁電機材料、高溫超導材料、磁存儲等，還包括中國大陸和日本兩國中沒有涉及的醫療支架、細胞監測靶標、腫瘤治療用磁性顆粒、磁性假肢、磁性導尿管以及核磁共振成像等領域。

　　中、美、日三國在稀土永磁產業上中下游專利的概況以圖 4 表示。圖 4 顯示稀土永磁材料專利技術中，上游稀土磁粉及製備以日本最多，中游稀土磁材製造與防護以中國大陸最多，下游稀土磁材應用基本上中、美、日三國都有不少專利，然而值得一提的是，美國稀土永磁材料專利著重下游有關生醫及醫學方面的應用具獨樹一格，意謂著稀土磁性材料的市場應用潛力無窮。

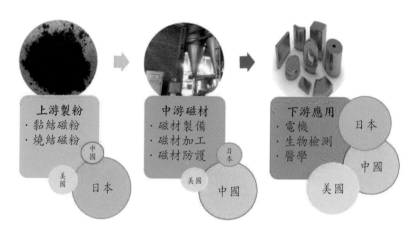

圖 4 中美日三國在稀土永磁產業上中下游專利的概況

　　舉例來說，在下游醫學領域的應用中，核磁共振成像（magnetic resonance imaging, MRI）之類的醫療設備需要採用大量的釹鐵硼永磁材料。US6120620A[7] 揭露了一種涉及用於核磁共振成像（MRI）裝置的永磁體塊的金屬間燒結產品，以及一種具有基本穩定的磁性能的永磁體和提供一種鐵硼稀土類燒結永磁體的製造方法。該永磁體具有壓實的顆粒狀的鐵—硼—稀土金屬間金屬材料的燒結產物作為活性磁性成分，該燒結產物具有基本上不相互連接的孔，其密度至少為理論值的87%，並且組成基本上由原子百分比約 13% 至約 19% 的稀土元素，約 4% 至 20% 的硼和約 61% 至 83% 的鐵組成，其中有效量的輕稀土選自鈰、鑭、釔和它們的混合物，其餘為釹，沒有其他雜質。該發明使用較少的釹來降低永磁體和包含永磁體的裝置的製造成本。US6120620A 之獨立權利請求項主張的標的至少包括一種燒結的金屬間產物；一種鐵硼稀土類各向同性合金材料；一種鐵硼稀土類富各向異性永磁體；一種具有基本穩定的磁性能的永磁體；一種鐵硼稀土類燒結永磁體的製造方法以及一種用於核磁共振成像設備的永磁塊的燒結金屬間產品。並且該等複數獨立權利請求項所主張之標的係使用例如鈰、鑭和釔等低濃度的輕稀土產生用於核磁共振成像的永磁體，應用於核磁共振成像的設備中而具降低成本的優勢。另，近來已開發了一種稱為稀土摻雜之上轉換奈米顆粒（up-conversion nanoparticles, UCNPs）的新型材料。這種材料具有特殊的光學特性，可透過使用紅外光（IR）或近紅外（NIR）光作為輻射源進行激發，以便在可見光區域產生螢光發射。由於

7　Mark Gilbert Benz & Juliana Ching Shei, 2000, "Praseodymium-rich iron-boron-rare earth composition, permanent magnet produced therefrom, and method of making", US Patent US6120620A.

紅外光和近紅外光可以穿透組織到很深的位置且組織對該等吸收要比可見光小得多。基於此光學性質，位於深處的上轉換奈米顆粒（UCNPs）可以被 IR 或 NIR 光有效地激發以產生可見光，從而可以激活附著在奈米顆粒上的光敏劑釋放單態氧（singlet oxygen），具有與 UCNPs 的發射峰位置匹配的強吸收峰，從而吸收來自 UCNPs 的發射的光能。因此 US20130115295A1[8] 揭露了一種用於治療腫瘤和其他疾病診斷應用之稀土摻雜上轉換奈米粒子的發明，其中所述稀土元素選自釔（Y）、鈥（Ho）、鉺（Er）、銩（Tm）和鐿（Yb）。該發明提供了一種組合物，該組合物包含用二氧化矽殼（silica shell）包封之稀土摻雜的上轉換奈米顆粒（UCNPs）以及摻入該二氧化矽殼中的光敏劑，用以作為治療腎癌和類風濕關節炎的藥物。在一個實施例中，將光敏劑（photosensitizer）摻入二氧化矽殼中。在另一個實施例中，組合物還包含靶向分子（targeting molecule）。在又一個實施方案中，小分子干擾核糖核酸（small interfering RNA, siRNA）分子也與該靶向分子連接至二氧化矽殼。該組合物可用於在實驗室中治療包括肺癌、乳腺癌、肝細胞癌、腎癌、前列腺癌或結腸直腸癌在內的實體腫瘤以及包括腸道疾病或類風濕性關節炎在內的炎症疾病。本發明進一步提供了合成此類組合物並將其用於治療和診斷應用的方法。這些應用係使用紅外光或近紅外光照射以激發 UCNPs，從而降低了治療成本。US20130115295A1 之獨立權利請求項還包括用於治療哺乳動物中的實體腫瘤（solid tumors）或發炎性疾病的方法，該方法包括向哺乳動物施用組合物，並透過紅外光（IR）或近紅外（NIR）對哺乳動物中之實體腫瘤或發炎的部位進行照射而激活該組合物。另，獨立權利請求項還包括製備 UCNPs 組合物的方法，其包括用二氧化矽殼合成 UCNPs 以及將光敏劑摻入到殼中。

　　美國稀土永磁材料專利，除了著重下游有關醫學領域的應用外，亦布局有關生物檢測方面應用的專利。US10175170B2[9] 係有關一種稀土奈米磷光體的金屬塗層及其用途，用於檢測生物分子之間的相互作用以及進行磁熱療法（magnetic hyperthermia therapy）。該發明提供一種核殼奈米顆粒，該奈米顆粒包含磷光核和包含至少兩種金屬的金屬殼。在一個實施例中，磷光核包含例如是 Tm^{3+}、Er^{3+}、Y^{3+} 或 Yb^{3+} 等任選三價稀土陽離子。

8　Qiang Wang, Patrick Y. Lu & Harry Hongjun Yang, 2013, "Rare Earth-Doped Up-Conversion Nanoparticles for Therapeutic and Diagnostic Applications", US Patent Publication US 20130115295A1.

9　Ian M. Kennedy & Sudheendra Lakshmana, 2019, "Metal coating of rare earth nano-phosphors and uses thereof", US Patent US10175170B2.

6.2 釹鐵硼磁鐵的種類及其核心專利

釹鐵硼型磁鐵的種類係以釹鐵硼型燒結磁鐵以及釹鐵硼型快速固化磁鐵（或稱黏結釹鐵硼）二類為代表。其中，釹鐵硼型燒結磁鐵係以粉末冶金程序的方式生產，釹鐵硼型快速固化磁鐵係以熔化淬火程序方式生產。對粉末冶金程序的本質而言，粉末冶金程序通常需要相對多的製造處理程序，相較之下，以熔化淬火程序生產的釹鐵硼型快速固化磁鐵係經由相對簡單的熔化、熔化淬火以及熱處理製程步驟在較低成本下生產。以熔化淬火程序形成之快速固化合金是磁性上等向性的。然而，釹鐵硼型燒結磁鐵的性能，不管在殘磁強度、矯頑力和磁能積等性能上都優於釹鐵硼型快速固化磁鐵[10]。其基本比較如表2。

表 2　釹鐵硼型磁鐵的種類

	釹鐵硼型燒結磁鐵	釹鐵硼型快速固化磁鐵（黏結釹鐵硼）
生產方式	粉末冶金程序	熔化淬火程序
代表性專利	JP1982145072（昭 59-46008）	JP19840018178（昭 60-9852）
製　程	製造處理程序多	製程相對簡單
成　本	較高	較低
殘磁 Br	較高	較低
磁　性	非等向性	等向性（各個方向都有磁性）
耐腐蝕性	易腐蝕	耐腐蝕
性　能	殘磁強度、矯頑力和磁能積都優於釹鐵硼型快速固化磁鐵。	—

分析專利文件可有效洞悉競爭對手技術發展策略及掌握敵我情報[11]，專利主張之權利請求項（claim）係用以界定專利權範圍之所在[12]，同時亦能鑑識專利技術特

---

[10] 國家智慧財產權局專利局專利審查協作湖北中心，新能源汽車產業智慧財產權分析評議報告，收錄於 2018 年重點領域智慧財產權分析評議系列報告，2018 年，20 頁。

[11] 芮嘉瑋，專利權利範圍為基礎之創新技術策略分析：以雙光子聚合及雷射干涉微影技術為例，國立清華大學奈米工程與微系統研究所博士論文，2018 年，8-9 頁。

[12] 芮嘉瑋，從程序保障觀點論技術審查官制度之改革，中原大學財經法律學系碩士論文，2011 年，91 頁。

徵[13]。釹鐵硼型磁鐵分為以粉末冶金程序生產的釹鐵硼型燒結磁鐵和以熔化淬火程序生產的釹鐵硼型快速固化磁鐵，典型的代表性專利分別於 1982 年及 1984 年由住友特殊金屬株式會社[14]（Sumitomo Special Metals Co. Ltd.）和通用汽車公司（General Motors Corp., GM）申請日本特許專利，其出願番號（專利申請序號）分別為特願 1982-145072（JP19820145072）[15]和特願1984-18178（JP19840018178）[16]。該等專利堪稱釹鐵硼型燒結磁鐵和釹鐵硼型快速固化磁鐵最早申請的成分專利，成分專利係釹鐵硼型磁鐵最為核心的專利，本文將二件專利申請的基本資料對照整理如表 3。

表 3　釹鐵硼型燒結磁鐵和釹鐵硼型快速固化磁鐵最早申請的專利

出願番號 （專利申請號）	特願 1982-145072 JP19820145072	特願 1984-18178 JP19840018178
特許出願公開番號 （專利公開號）	特開 1984-46008 （昭 59-46008/JPS5946008A）	特開 1985-9852 （昭 60-9852/JPS609852A）
發明名稱	永久磁石	高能儲稀土鐵磁合金 （高エネルギー積の稀土類鉄磁石合金）
申請日	1982 年 8 月 21 日	1984 年 2 月 3 日
公開日	1984 年 3 月 15 日	1985 年 1 月 18 日
優先權主張 priority number(s) priority date(s)	JP19820145072 1982 年 8 月 21 日	US50826683A（US Provisional Application） 1983 年 6 月 24 日 US54472883A（US Provisional Application） 1983 年 10 月 26 日

13　Chia-Wei Jui, Amy J. C. Trappey & Chien-Chung Fu, *Method of Claim-Based Technology Analysis for Strategic Innovation Management–Using TPP-Related Patents As Case Examples*, 21 J. INTELLECT. PROP. RIG. 244 (2016); Chia-Wei Jui, Amy J. C. Trappey & Chien-Chung Fu, *Strategic Analysis of Innovative Laser Interference Lithography Technology Using Claim-Based Patent Informatics*, 3 COGENT ENG. 3 (2016).

14　欲檢索「日立金屬株式會社」有關永久磁材相關專利，需注意其公司併購關係下可能會有不同公司名稱需要列入檢索條件，例如：日立金屬株式會社（Hitachi Metals, Ltd.）、住友特殊金屬株式會社（Sumitomo Special Metals Co. Ltd.）及 NEOMAX 株式會社（Neomax Co. Ltd.）等統稱「日立金屬」。

15　佐川眞人、藤村節夫，永久磁石，1984 年，日本特許出願公開番號 JPS5946008A（昭 59-46008）。

16　J-K. Jiyon，高エネルギー積の稀土類鉄磁石合金，1985 年，日本特許出願公開番號 JPS609852A（昭 60-9852）。

出願番號 （專利申請號）	特願 1982-145072 JP19820145072	特願 1984-18178 JP19840018178
出願人（申請人） applicant(s)	住友特殊金屬株式會社[17] （Sumitomo Special Metals Co. Ltd.）	通用汽車公司 （General Motors Corp.）
發明人	佐川眞人 藤村節夫	Jiee Kurooto Jiyon
特許番號 （專利公告號）	JPS6134242B2	JPS609852A
發明概要	揭露一種永久磁鐵的磁性材料，該永磁材料係使用以鐵爲基礎之合金，其包含定量 Y 的一種稀土元素和以定量的 B 和 Fe 作爲殘餘物之磁異向性燒結體。其中 R 是其中至少一種含 Y 的稀土元素，其原子百分比組成爲 8～30 at%，並使用 2～28 at% 的 B 和剩餘原子百分比組成的 Fe 構成磁異向性燒結體。優化含稀土元素 R 之化合物中的 Fe、B、R 的量以及磁性材料 B 的量，透過使用以 Fe 爲基礎之簡單的合金，容易製造獲得具有高殘磁強度、高矯頑力和高磁能積（energy product）的永久磁鐵。	該發明揭露一種硬磁組合物包括具有合適比例的稀土元素、過渡金屬元素和硼，透過快速淬火加工稀土過渡金屬合金以獲得高殘磁強度、高矯頑力和高磁能積（energy product）等硬磁性能，該磁性合金具有非常精細的結晶微結構特徵，其中存在一個原子分子式爲 $RE_2TM_{14}B_1$ 的正方晶系結晶相。其中 RE 代表一種或多種稀土元素且優選的稀土構成元素是釹和鐠，TM 代表一種或多種過渡金屬元素且優選的過渡金屬元素是鐵。
發明主張之 權利請求項 1	一種永久磁鐵，包含至少一種含 Y 的稀土元素 R，其原子百分比組成爲 8～30 at%；以及原子百分比組成爲 2～28 at% 的 B 和剩餘原子百分比組成的 Fe，該永久磁鐵的特徵在於燒結體。	一種磁性合金成分，包含至少約 10 at% 之原子百分比組成的至少一種選自釹和鐠的稀土元素，以及原子百分比組成約 0.5～10 at% 的硼和鐵，透過快速淬火的方式加工上述組合的熔融混合物，該硬磁性合金組合物的特徵是合金中的硼與實質上不包含硼的類似合金相比其含量增加。

[17] 專利申請權人爲住友特殊金屬株式會社（Sumitomo Special Metals Co. Ltd.），原因在於日立

　　稀土金屬的化學活性非常強，以至於它們容易與大氣中的氧結合而生成稀土氧化物 R_2O_3，所以稀土元素 R 並不總是純元素，一開始製備磁性材料通常使用粉末狀的稀土氧化物 R_2O_3 作爲稀土元素 R 的原料，後續仍必須在還原性或非氧化性氣氛中進行諸如熔融、粉碎、成形（壓實）、燒結等的各種步驟。日本住友特殊金屬自 1982 年申請第一件釹鐵硼型燒結磁鐵的專利，揭示了釹鐵硼型磁鐵的成分後，緊接著次年揭露釹鐵硼型永磁材料的生產方法。例如美國專利 US4,597,938（簡稱「'938 專利」）[18] 名爲「永磁材料的生產方法」，專利申請權人爲日本住友特殊金屬，申請日 1983 年 9 月 15 日，主張複數個日本申請案優先權[19]，其優先權日爲 1983 年 5 月 21 日和 1983 年 5 月 24 日。該發明的永磁材料係以燒結體獲得的，其製備方法主要涉及粉末冶金程序（powder metallurgical procedures）而屬於「釹鐵硼型燒結磁鐵」，該方法適用於非等向性（anisotropic）和等向性（isotropic）的永磁材料。各種元素金屬在條件下熔化和冷卻而產生基本上結晶的狀態（無非晶態），例如澆鑄成具有四方晶系晶體結構的合金，然後將其細磨成細粉。'938 專利主張的權利請求項 1 係有關一種製備 Fe-B-R 型永磁材料的生產方法（R 是稀土金屬中的至少一種），包括製備平均粒徑爲 $0.3 \sim 80$ 微米的金屬粉末，進行壓實所述金屬粉末，以及在非氧化（nonoxidizing）或還原（reducing）情況下於 $900 \sim 1,200℃$ 的溫度下燒結該壓實過的金屬粉末。其中，該金屬粉末之組成基本上係包含 $12 \sim 24$ at% 的 R、$4 \sim 24$ at% 的 B 以及至少 52 at% 的鐵，其中 R 是選自 Nd，Pr，La，Ce，Tb，Dy，Ho，Er，Eu，Sm，Gd，Pm，Tm，Yb，Lu 和 Y，且至少 50 at% 的 R 由 Nd 和／或 Pr 組成。

　　釹鐵硼型燒結永磁材料是迄今爲止磁性能最強的永磁材料，是新能源和節能減排產業中的重要基礎材料。正因如此，新能源汽車、風力發電、節能家電、工業機器人等新興行業的快速崛起，必然帶動釹鐵硼型燒結磁鐵需求的顯著增長。

金屬公司磁性材料業務板塊先後經歷了多次整合，2003 年日立金屬達成協議收購日本住友 32.9% 的股份，日立金屬將自身磁材業務部門併入住友特殊金屬，並將重組後的子公司命名爲 NEOMAX，稱爲 Neomax 株式會社（NEOMAX CO., LTD.），並繼續以 Neomax 品牌出售稀土磁材產品，奠定稀土磁材技術實力全球領先地位。

[18] Y. Matsuura, M. Sagawa & S. Fujimura, 1986, "Process for producing permanent magnet materials", US Patent US4597938A.

[19] US4597938 主張日本申請案之優先權，優先權日及其案號：JP58-88372[1983 年 05 月 21 日]，JP58-88373[1983 年 05 月 21 日]，JP58-90038[1983 年 05 月 24 日]，JP58-90039[1983 年 05 月 24 日]。

6.3 中美貿易戰趨勢下，臺灣稀土產業布局新思維

　　釹鐵硼磁鐵組成中含有目前應用於電動車永磁馬達最為廣泛的稀土金屬釹，使得稀土金屬為現代先端科技生產過程中不可或缺的重要原料，獲有「新材料之母」和「工業維生素」的美譽，但也因其產量稀少，而被採礦業界稱為難得素，稀土元素的名稱正來自其在開採上的匱乏性[20]。

　　全球稀土市場規模，其中有 96.8% 來自中國大陸，大多集中於內蒙包頭白雲鄂博，其他國家產量僅占剩餘的 3.2%。[21]中國大陸是世界上稀土儲量大國，也是唯一能供應全部 17 種稀土金屬的國家，釹鐵硼產量更是占全球的 80%，居世界第一，顯示中國大陸在稀土金屬的地位與特殊價值，以致形成當今中國大陸稀土礦源獨霸全球的局面，這也是為何中國大陸可以拿稀土當武器的原因。至於稀土產量世界第二的美國，雖有稀土礦藏且具備開採稀土礦源之能力，但卻無分離、精鍊、純化等稀土上游加工技術。因為開採出來只是稀土礦，必須進一步分離、精鍊純化為商業用的稀土元素；美國唯一的稀土礦商 MP Materials（下稱「MP」）公司九成以上的稀土礦都要送到中國大陸加工。

　　MP 公司在其官網上開宗明義的第一句話，就是「復興美國稀土產業」（Reviving America's Rare Earth Industry）。眼前美國政府企圖積極重振稀土產業鏈，MP 公司樂見和台灣企業合作，為積極尋找合作夥伴，執行長歐華森（Michael Rosenthal）2019 年 8 月悄悄來台正是看看台灣需要哪些稀土產品。MP 的執行長歐華森對美國是否能因應中國大陸稀土禁運的問題，不僅語帶保留隱晦，並且憂慮的回應：「中國若宣布禁運稀土，那麼全世界都該害怕！」可見中美貿易戰開打至今，雙方雖各有對策相互施壓，然而唯獨在稀土戰場上，美國處於極度弱勢的窘境。短期內美國無法應付稀土戰，這是中美貿易戰火拼至今，美國被看穿的弱點。中國便起念以稀土王牌作反制美國的武器，在中美貿易戰相互加徵關稅的招術中，稀土就被列在加徵關稅的清單之中。當中國大陸對從美國進口的稀土礦徵稅，也就壓抑了美國業者取得商業化稀土元素的能力。不僅如此，再從數字觀察，中國大陸稀土及其製品出口量逐年衰退，也被認為中國大陸意圖採用溫水煮青蛙的方式逐步減少國外業者庫存量，種種因素導致美國稀土龍頭也來台尋找合作夥伴意圖擴大自

20　朱惟君，阿凡達戰爭再現？稀土開採重創生態（上），環境資訊電子報，網址：https://e-info.org.tw/node/62742，最後瀏覽日：2019 年 10 月 20 日。

21　R. Colin Johnson, "Rare earth supply chain: Industry's common cause", EE Times, October 24, 2010, *available at* https://www.eetimes.com/document.asp?doc_id=1264071 (last visited Nov. 20, 2019).

己的稀土產業供應鏈。[22]

　　綜觀稀土的上中下游產業鏈，大致上可分為上游原料、中游資源化以及下游應用。圖 6 展開稀土產業的供應鏈。上游原料的處理，係指稀土礦經過開採、分離與純化提煉等三步驟篩選出稀土元素的製程。首先透過水洗方式篩選出稀土礦；接著，由於稀土元素很多共生，要利用強酸溶解原礦等製程逐步分離出不同元素；再來進行金屬合金和氧化物的提煉與製造，各家公司還可按獨家配方把礦石中的元素添加其他不同的元素，按需求生產出各種不同純度規格和成分。[23]

圖 5　稀土產業供應鏈

　　目前臺灣稀土供應鏈只有一半，稀土應用集中在中下游。臺灣稀土及稀有資源應用產業聯盟（簡稱「臺灣稀土聯盟」）表示臺灣目前是從中國大陸等地進口稀土原料來臺製成成品，至於開採、分離和純化等上游製程則幾乎沒有。雖然臺灣廠商在稀土前端生產欠缺原料與精煉能力，但臺灣仍有廠商具備合金到粉末的較高附加價值配方能力；中鋼已悄悄研發釹鐵硼磁鐵近 10 年，只是目前生產量仍太少，仍未達規模經濟。[24] 此外，臺灣最專業磁鐵製造廠台全金屬的廠區內設置有稀土磁鐵部門，主要生產釤鈷磁鐵，製造工法傳承日立金屬擁有單片成型的技術；台全金屬早在 1995 年投資中國大陸三環新材料高技術公司，合資在大陸生產釹鐵硼燒結磁

22　萬年生、徐右螢，絕殺稀土戰，今周刊，2019 年 9 月，1184 期，77-80 頁。

23　萬年生，上游原料靠進口、中下游應用是大宗　台灣稀土產業鏈揭密，今周刊，2019 年 9 月，1184 期，90 頁。

24　同註 23，91 頁。

鐵，是少數在中國大陸取得專利授權的製造商。[25]

臺灣本土就有稀土礦藏，蘊藏在西部的10個沙洲[26]，臺灣的稀土礦是一種稱為獨居石（Monazite）的礦物，富含稀土礦及放射線元素釷[27]，早年雖具有開採提煉稀土的技術，但因開採不符成本效益[28]而未繼續發展。美中貿易戰火延燒到稀土，臺灣稀土礦藏雖只占全球總藏量的0.02%，比重非常小，但有了核彈等級的提煉技術加持，未來稀土戰若真開打，這個寶貴戰略資源相信可在非常時刻裡扮演著臺灣少有的抗衡資源。[29]

從稀土材料產業技術布局上看，由於臺灣使用的稀土量很少，為了搭上與臺灣供應鏈相關的環節，可將重點放在拓展與磁鐵元件、模組和馬達、揚聲器等成品相關的下游稀土應用上。

6.4 策略與建議

自2018年3月22日中美貿易戰開始，中國大陸以稀土作為經濟戰武器已眾說紛紜討論不斷，本文提出以下3點策略建議：

稀土資源的替代方案

在所有17種稀土元素中，目前應用最為廣泛的稀土元素是「釹」，這種稀土有九成以上是由中國大陸提供，但中國大陸實施出口限制，稀土供應存有不確定的

25　加點製造，生產大揭密！參訪台灣最專業磁鐵製造廠──台全金屬，網址：https://blog.addmaker.tw/2018/08/14/%E5%8F%83%E8%A8%AA%E5%8F%B0%E7%81%A3%E6%9C%80%E5%B0%88%E6%A5%AD%E7%A3%81%E9%90%B5%E8%A3%BD%E9%80%A0%E5%BB%A0-%E5%8F%B0%E5%85%A8%E9%87%91%E5%B1%AC/，最後瀏覽日：2019年11月20日。

26　臺灣稀土礦藏位於濁水溪以南、曾文溪以北的海灘上，尤其以包括外傘頂洲、七股鹽山附近的頂頭額沙洲等10個沙洲，以及曾文溪、八掌溪等4條溪流的河岸，蘊藏最豐。這些地區約有55萬噸重砂礦藏（指比一般石英細砂更重的砂），重砂中約一成的成分為獨居石。

27　獨居石（Monazite）礦物，具有至少五成的稀土化學成分。此外，獨居石中富含的放射線元素釷，經過處理後可轉變為鈾而用於製造核彈、核能發電的核燃料，暗藏著臺灣發展核武的歷史。

28　隸屬於國防部轄下的中山科學研究院於1968年暗地裡進行臺灣核彈發展計畫提煉釷金屬，且於1984年開始研究「副產品」而進行開採提煉稀土的技術，並技轉給民間成立鑫海稀土公司。1990年起，中國大量出口便宜稀土，每公斤售價跌到個位數，鑫海黯然關廠、併入生產草酸的天弘化學公司。

29　蔡靚萱，原來台灣有稀土！揭秘台南沙洲上的秘密礦區，背後藏著核武發展史，商業周刊，2019年6月6日，1647期，34-36頁。

風險，全球已開發國家無不尋求稀土資源替代方案，企圖發展不使用稀土或少用稀土的技術，或以性價比角度考量替代性磁材，以緩解稀土來源受限的窘境。

(一) 發展不使用或少用稀土的技術

舉例來說，日本電產看準電動車市場驅動馬達的稀土供應問題而開發「開關式磁阻馬達」（switched reluctance motor, SRM）。所謂開關式磁阻馬達係利用線圈產生磁力牽動轉子產生旋轉力道，適合高速迴轉和高出力。這種馬達結構簡單堅固，轉子無繞線、無永磁，不需要永久磁鐵，故不必使用稀土[30]；轉子也只有鐵芯構成，節省不少資源，具成本低、耐高溫等優點，從而為以往電動車用驅動馬達多採用高效率的嵌入式永磁馬達（IPM）提供了替代方案[31]。因為 IPM 使用的釹磁鐵需要在高溫環境下使用，耐熱性要求高，為了確保耐熱性，業者必須在釹磁鐵中添加鏑、鋱等稀土元素，但稀土供應存有不確定的風險；日本電產研發的則是不使用稀土材料的新一代磁阻馬達，瞄準電動車磁阻馬達市場，不僅緩解稀土供應問題，且材料由鐵鋁和銅組成，可回收性更佳。

(二) 以性價比角度考量替代性磁材

基於性價比原因，若能被一些性能稍差的材料代替，例如以鐵氧體、鋁鎳鈷合金取代部分釹鐵硼永磁材料，特別在低階領域部分替代或完全替代以提高性價比；然而，在高階領域釹鐵硼的剛性需求是難以替代的。[32]

研擬專利戰略對抗霸主

(一) 企業結盟聯合突破專利封鎖

基於專利乃屬地主義，專利申請布局的地區則享有專有排除他人未經其同意而製造、為販賣之要約、販賣、使用或為上述目的而進口該物品（或其組成）之權利。日立金屬為全球最大的生產、銷售燒結釹鐵硼企業，由於起步早已在全球布局稀土磁鐵及燒結釹鐵硼專利池，特別是上游稀土磁粉的成分基礎專利，控制著稀土磁性材料上游生產的關鍵技術。針對日立金屬在釹鐵硼永磁材料方面的專利獨霸局面，永磁產業為了打破日立金屬在燒結釹鐵硼領域的專利封鎖，順利拓展海外市場以尋求正當銷售爭取生存權，包括瀋陽中北通磁科技股份有限公司等 7 家稀土永磁

30　村澤義久著，葉廷昭譯，同註 2，109 頁。

31　日本電產瞄準電動車磁阻馬達市場，易容網，網址：https://read01.com/zh-tw/xDE5g02.html#. XdySH-gzY2w，最後瀏覽日：2019 年 11 月 26 日。

32　國家智慧財產權局專利局專利審查協作湖北中心，同註 10，21 頁。

企業聯合起來建立專利聯（結）盟[33]聯合對抗專利霸主，訴其釹鐵硼專利無效。聯盟也對目前仍訴訟中之案件有信心繼續取得勝利，聯盟並希望有更多的業界同仁加入共同打破日立金屬的壟斷。

(二) 積極優化專利布局

中國大陸、日本和美國在稀土磁性材料研發領域的布局差異甚大，具有先發優勢的日本主要布局在上游稀土磁粉製備及稀土磁性材料下游應用領域，其專利基本涵蓋了上游磁粉製備的關鍵步驟。建議其他發展稀土產業的國家，以專利迴避、強化、探勘挖掘等策略布局專利，例如中國大陸可試圖規避日本在上游稀土磁粉之成分專利，並強化中游稀土磁材的製備和探勘挖掘下游稀土磁材應用領域的專利布局，特別是在醫藥領域的布局。

美國雖早期擁有上游稀土磁粉的少量專利，但後續並未積極衍生布局，目前反而將重點放在稀土磁材的應用領域上，且其應用領域相對於中國大陸和日本更廣，特別是在醫藥、生物技術領域布局不少專利。美國專注於挖掘稀土磁性材料的下游應用，優化其專利布局策略值得為各國發展稀土產業之借鏡。

各國聯手合作開發以擴大稀土產業供應鏈

中美貿易戰延燒至今，以美國為主的各國相繼尋找資源聯手合作填補自己不足的稀土產業供應鏈，企圖以各國產生互補的態勢削弱中國大陸獨占的影響力。例如美國與加拿大和澳洲兩大礦業出口大國共同合作，以減少美國對中國大陸高科技產業關鍵原料的依賴[34]。為了減少對中國大陸礦產依賴，美澳聯手到各國尋找資源合作開發稀土產業以擴大供應鏈，當然也尋求臺灣的加入，因為臺灣在稀土應用有幾個強項，特別在磁鐵方面，另外還有獨步於生物醫學的癌細胞的影像偵測技術。

為建立多元進口管道，美國建立稀土加工廠以彌補中國大陸禁運的缺口，在國防部大力支持下 2020 年還要重建加工廠（2017 年因 Molycorp 公司倒閉，將該礦賣給拉斯維加斯的 MP Materials 公司）。另，澳大利亞的萊納斯公司（Lynas Corporation Ltd.），其在馬來西亞已建有稀土加工廠，產能占全球 10% 以上，目前

---

[33] 瀋陽中北通磁科技股份有限公司、寧波同創強磁材料有限公司、專波永久磁業有限公司、寧波科田磁業有限公司、杭州永磁集團有限公司、寧波韋輝磁業有限公司、廣東江門磁源新材料有限公司等 7 家企業於 2013 年 8 月成立了「稀土永磁產業技術創新戰略聯盟」，意圖協同努力打破日立金屬的專利封鎖。

[34] 科技新報，降低對中國依賴！美擬跟加、澳攜手開發高科技關鍵礦產，網址：https://technews.tw/2019/06/12/usa-canada-australia-high-tech-minerals/，最後瀏覽日：2019 年 11 月 26 日。

已與美國德州的藍線公司（Blue Line Corp.）簽約，將在德州合作建造稀土加工廠。[35]

6.5　小結

　　稀土是包含美國在內許多高科技公司至關重要的原料，其中應用的產品包括手機、電池、電動車、工業和軍事產品製造等領域；稀土金屬中的釹就是廣泛應用在電動車用以生產電動馬達與發電機內使用的超強磁鐵。

　　稀土礦物具備應用範圍極廣、高度仰賴中國大陸、極少替代品等三大特色，稀土元素供應鏈如果皆由一個國家所控制，過度依賴任何一個單一來源都會增加產業供應鏈被中斷的風險，因此減少對中國大陸稀土礦產的依賴才是上策。

　　借鏡日本成功對抗中國大陸稀土戰的先例[36]，擺脫依賴中國大陸稀土的窘境，日本政府更發布了確保稀土穩定供應的重要戰略[37]，竭盡所能地以各種方式保障日本的稀土供應無虞，並大量降低對中國大陸稀土的依賴程度，以致中國大陸最終並未占得便宜。

　　繼 2010 年中日稀土大戰及 2018 年中美貿易戰，各國雖免不了承受中國大陸禁運稀土的恐慌，但若能及早開始思考如何擁有自己稀土資源之必要性，以確保稀土供應穩定、有效達成減少由中國大陸進口稀土的目標，進而順勢重新強化其稀土產業的戰略布局，方能確保經濟發展不受干擾，確保國家戰略核心利益。

35　海中雄，稀土磁鐵──中美貿易戰的終極武器，網址：https://www.upmedia.mg/news_info.php? SerialNo=71030，網址：最後瀏覽日：2019 年 11 月 26 日。

36　2010 年 10 月，中國大陸藉由與日本在釣魚台海域衝突事件，對日本採取稀土禁運措施，因而引發了國際稀土產業的大戰。回顧中日稀土大戰的過程，中國大陸向世界宣告新的稀土戰略遊戲規則，表面上成功的取得話語權及定價權，也在內蒙古包頭市成立了稀土交易所，但因為中國大陸稀土行業沒有重大技術優勢，只是稀土原料廉價出口。然而日本是世界上最能利用稀土創造高附加價值的國家，且多用於新技術領域，其由中國取得低廉價格的稀土原料，經過加工生產高科技之新技術產品回銷中國大陸，因而賺取更高的經濟利益。

37　2009 年 7 月，日本政府發布了《確保稀有金屬穩定供應戰略》，其戰略主要核心內容即是竭盡所能以各種方式保障日本的稀土供應無虞，並大量降低對中國大陸稀土的依賴程度，以確保日本核心利益。更因日本擁有豐富的稀土資源戰略儲備，預估有 20 年的安全存量，因此日本不僅承受了中國禁運稀土的衝擊，更順勢重新強化其稀土產業的戰略布局。

第七章　稀土在發光材料上的科技應用[1]

---

[1]　芮嘉瑋，LED/ 長餘輝 / 醫學應用大放異彩　稀土巧扮發光技術關鍵材料，新電子雜誌第 442 期，2023 年 1 月，頁 92-98。

　　稀土被認爲是很多尖端科技的命門。許多科學家在描述稀土時，也毫無保留地稱其爲 21 世紀的戰略元素。稀土元素因其特殊的電子層結構，其原子具有未充滿的 4f 及 5d 電子組態，有豐富的電子能級和 4f 軌域電子躍遷特性，可以產生豐富的輻射吸收和發射，稀土發光是由稀土 4f 電子在不同能級間躍出而產生的，幾乎覆蓋了從紫外、可見到紅外的範圍，特別在可見光區有很強的發射能力。稀土發光材料還具有發光效率高，色純度高，色彩鮮艷；發射波長分布區域寬；螢光壽命從奈秒跨越到毫秒達多個數量級；物理和化學性質穩定，耐高溫，可承受高能輻射和大功率電子束等特點，因而稀土化合物成爲新型高性能發光材料的新寵。現有應用的發光材料，不論是以稀土元素爲發光中心，或是將其作爲發光材料的基質組成，幾乎都離不開稀土元素。

7.1　前五大稀土元素發光材料

　　近年來稀土材料大量應用於新興材料領域，如永磁材料、發光材料、拋光材料等。而稀土之發光特性，可廣泛應用於 LED、平板和螢光粉等高科技影像顯示產品。涉及發光材料之國際專利分類號（IPC）爲 C09K 11/00 Luminescent，其中涉及稀土金屬之發光材料之 IPC 爲 C09K11/77。統計涉及稀土元素發光材料的專利數量，如圖 1 之稀土元素發光材料專利數量雷達分布，揭示前五大稀土元素發光材料分別爲：銪（Eu）、釔（Y）、鈰（Ce）、鑭（La）、鋱（Tb）。諸如美國通用電氣公司（General Electric Company，簡稱 GE）發明一種化學式爲 $Ca_{1-x}Eu_xAlB_3O_7$（其中 $0 < x < 0.5$）之磷光體組成物[2]，其係由碳酸鈣、氧化硼、氧化鋁及氧化銪等混合並燒製而形成，其中氧化銪占其組合約 3% 的重量百分比，可適用於照明系統之發綠光的磷光體。美國專利 US8771548B2 涉及一種可用於顯示裝置和照明裝置的釔鋁石榴石型螢光粉[3]。臺灣專利 TWI390016B1 涉及一種以釓鑥鈰爲基質的暖白光發光二極體及其螢光粉[4]，當其波長 $\lambda = 420\sim500nm$ 的半導體異質結輻射激發時，螢光粉在橙紅色發光最大光譜 $\lambda > 575nm$，半波寬大於 135nm，演色指數 Ra = 80。中國專利 CN107603599A 涉及一種鑭錯合物藍色發光材料及其合成方法[5]，可在

---

[2]　US9328878B2, Phosphor compositions and lighting apparatus thereof, General Electric Company, patent issued on 2016 May 3.

[3]　US8771548B2, Yttrium—aluminum—garnet-type phosphor, Panasonic Corporation, patent issued on 2014 July 8.

[4]　TWI390016B1，以釓鑥鈰爲基質的暖白光發光二極體及其螢光粉，專利公告日 2013 年 3 月 21 日。

[5]　CN107603599A，一種鑭錯合物藍色發光材料及合成方法，桂林理工大學，專利公開日 2018 年 1

465nm 波長處產生強度爲 104673 a.u. 的藍色螢光。美國專利 US8765016B2 涉及一種眞空紫外光激發的摻鋱的硼酸釓鹽綠色發光材料及其製備方法[6]。

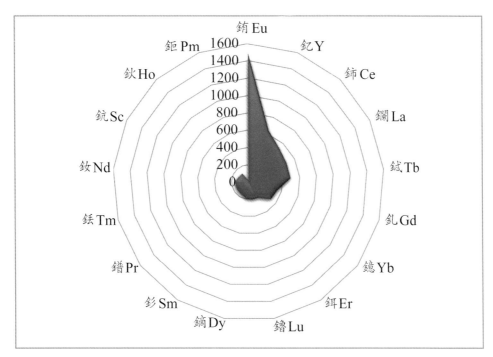

圖 1　稀土元素發光材料專利數量雷達分布

圖片來源：作者改繪

7.2　稀土在發光材料上的各類應用

　　稀土發光材料已廣泛應用在影像顯示、半導體照明、新光源、雷射晶體、閃爍晶體、X 射線增光螢幕等各個領域，成爲節能照明、訊息顯示、醫學設備、光電探測等領域的關鍵材料，以下就稀土與發光材料知識的基礎上，闡述介紹照明裝置及 LED 用稀土發光材料、醫學設備稀土發光材料（含 X 射線、閃爍體）、稀土長餘輝發光材料、電致發光等各種稀土發光材料的專利應用。

月 19 日。

6　US8765016B2, Green luminescent material of terbium doped gadolinium borate and preparing method thereof, OCEAN'S KING LIGHTING SCIENCE & TECHNOLOGY CO., LTD, patent publication on 2012 July 11.

照明裝置用稀土發光材料

在稀土發光材料的應用領域中，照明是其應用最廣泛的領域。照明設備或裝置實例包括諸如彩色燈、用於背光液晶系統的燈、等離子屏、氙激發燈、用於透過發光二極體（LED）激發的裝置、陰極射線管、等離子顯示器裝置、液晶顯示器（LCD）和 UV 激發標記系統等示例性的用途。

照明系統之螢光粉效能和流明維持率（lumen maintenance）可採用合適的離子，例如稀土離子，摻雜螢光粉而得以提高。因為稀土離子通常具有比晶格缺陷更高的載流子（charge carrier，即電子／電洞）捕獲橫截面，並因此對晶格缺陷作為可替代的載流子（電子或電洞）捕獲中心（trapping center）。這些替代的載流子捕獲中心透過防止大量載流子到達晶格缺陷，避免形成對螢光粉效能和流明維持率有負面影響的顏色中心（color center），從而提高其螢光粉效能和流明維持率。美國專利 US8324793B2 使用合適的三價稀土離子摻雜鋁酸鹽螢光粉[7]，這種發光材料的化學式以 $A_{1+x}Mg_{1+y}Al_{10+z}O_{17+x+y+1.5z}$：$Eu^{2+}$, R^{3+} 表示，其中 $0 \leq x \leq 0.4$、$0 \leq y \leq 1$ 且 $0 \leq z \leq 0.2$ 且 A 選自 Ca、Ba 和 Sr 及它們的組合。該鋁酸鹽螢光粉因摻雜有稀土離子（R^{3+}），可優先將載流子捕獲於基質晶格或材料中，並以穩定的多價態存在於發光材料。R^{3+} 選自 Sm^{3+}、Yb^{3+}、Tm^{3+}、Ce^{3+}、Tb^{3+}、Pr^{3+} 及它們的組合。

白光 LED 用稀土發光材料

LED 為新一代綠色節能照明，LED 燈的光效已遠遠超過白熾燈和螢光燈。1993 年日本日亞公司實現了藍光 LED 成為光電子領域的技術突破，極大地推動和實現了白光 LED 的發展。根據人們對可見光的研究，人眼睛所能見的白光，至少需兩種光的混合，即二波長發光（藍色光＋黃色光）或三波長發光（藍色光＋綠色光＋紅色光）的模式。上述兩種模式的白光，都需要藍色光，所以攝取藍色光已成為製造白光的關鍵技術。商業化實現白光 LED 的途徑是用藍色 LED 晶片激發 YAG:Ce 黃色螢光粉，藍光和黃光組合得到白光，但這種白光中缺少紅色光譜成分，光源的顯色指數較低，且色溫較高。此外，紅色螢光粉的轉換效率及亮度均較低，遠遠低於藍、綠色螢光粉，難以滿足高性能器件的應用需求，因此有必要開發出一種穩定性高，價格低，又能夠被近紫外光和藍光有效激發的新型紅色發光粉。

稀土元素中釔、銪是紅色螢光粉的主要原料，廣泛應用於各種顯示器的發光材

7　US8324793B2, Rare earth doped luminescent material, General Electric Company, patent issued on 2012 December 4.

料。中國專利 CN102277163B 揭示了一種新的白光 LED 用稀土紅色螢光粉[8]，係以化學式為 $KCaY_{1-x}(MoO_4)_3$: Eu_x 的鉬酸鹽為基質，其中稀土元素銪（Eu）的原料選自三價稀土離子（Eu^{3+}）的硝酸鹽或氧化物，優選 Eu_2O_3，所得到的紅色螢光粉性能穩定，使其在近紫外光（394nm）和藍光（465nm）區間均具有高水準的激發強度，發射峰值位於 613nm 左右的紅光，與近紫外 LED 晶片和藍光 LED 晶片輸出波長匹配性好，可應用在白光 LED 及其他發光領域。

醫學設備用發光材料

　　稀土發光材料在醫學設備上應用主要表現在醫用 X 射線成像方面，可用於正子斷層掃描（PET）、X 射線電腦斷層掃描（CT）以及 X 射線螢光增感螢幕等醫學領域和其他高能射線探測的靜態成像技術領域。傳統的醫用 X 射線波長很短不可見，但它照射到某些化合物如磷、鉑氰化鋇、硫化鋅鎘、鎢酸鈣等時，可使物質發生螢光（可見光或紫外線），螢光的強弱與 X 射線量成正比。利用這種螢光作用可製成螢光螢幕，用作透視時觀察 X 射線通過人體組織的影像，也可製成增感螢幕，用作攝影時增強膠片的感光量。

　　研究表明，稀土發光材料在 X 射線成像方面效果很好，因稀土發光材料的光譜特性可以大大提高圖像的質量及清晰度，而且可以有效延長 X 射線管的使用壽命，最重要的是它可以減少 X 射線輻射對患者帶來不必要的輻射傷害。早期通用電氣公司，即美國通用電氣公司（General Electric Company，簡稱 GE，又稱奇異公司），發明不少使用稀土作為醫學設備領域之發光材料的應用專利，例如美國專利 US4316092A 涉及使用銩活化的鑭（thulium-activated lanthanum）或鹵氧化釓（gadolinium oxyhalide）螢光材料的稀土螢光體混合物（rare earth phosphor admixtures），其中銩（Tm）以約 0.05 至約 1 莫耳百分比的活化劑離子存在，使該稀土螢光體混合物表現出較佳的分辨率能力和減少跨界（crossover）的問題[9]。這些稀土螢光體混合物與藍色或綠色光敏的攝影膠片結合，可用於射線照相螢光螢幕，提高了 X 射線圖像的相對速度和分辨率，改進 X 射線圖像轉換器設備中的性能。

　　此外，稀土材料可作為用於檢測諸如 X 射線、β 或 γ 射線等高能輻射儀器裝置中輻射檢測器之閃爍劑組合物的組成，例如一種含有鹼金屬和稀土金屬鎢酸鹽的固態閃爍劑組合物，在其檢測應用中具有高的光輸出、降低的餘輝、短的衰減時間以

8　CN102277163B，白光 LED 用稀土紅色螢光粉及其製備方法，專利公告日 2013 年 5 月 1 日。

9　US4316092A, X-Ray image converters utilizing rare earth admixtures, General Electric Company,, patent issued on 1982 February 16.

及高的 X 射線阻止等特徵[10]。

稀土長餘輝發光材料

　　長餘輝發光材料（long afterglow luminescent materials，或稱 long decay luminescent materials、long-lasting luminescence materials）是一種可吸收外界激發光，並儲存起來，然後在暗處以光的形式緩慢釋放出來實現長時間光發射的光致發光材料。稀土長餘輝螢光材料具有很多優點，包括：不需電源支持，可自動吸收任何光源，並在黑暗處自動發光；耐光、耐老化及化學穩定性好，使用壽命可達 15 年以上；無毒，無放射，無燃爆危險，是新一代的綠色環保型發光材料，其發光亮度高、餘輝時間長、化學穩定性良好，受到國內外廣泛關注。在實際生活中利用其長時間發光的特性，製成弱照明光源，使人們可辨別周圍方向，爲工作和生活帶來方便，被廣泛應用於應急指示、弱光照明、工藝美術和建築裝潢、高能射線探測、資訊存儲和顯示裝置等領域。

　　現有的可見光區的長餘輝材料主要分爲紅色系、黃色系和藍色系。黃色長餘輝發光材料的缺乏是阻礙長餘輝發光材料多色化的一個主要原因，黃色長餘輝發光材料的研製對長餘輝發光材料的整體有重要意義。性能優異的黃色長餘輝發光材料的研製是近年來研究的趨勢，例如黃色長餘輝發光材料的色純度不高或者餘輝時間太短等問題，限制了黃色長餘輝發光材料的進一步應用。傳統的黃色長餘輝發光材料多爲硫化物和鋁酸鹽長餘輝材料。硫化物體系的發光材料雖然發光亮度和餘輝長度可勉強達到使用要求，但其化學穩定性差，在空氣中易潮解，並且生產過程複雜，合成過程中產生的廢棄物及釋放的 H_2S 氣體對環境汙染嚴重。目前，大多數商業化的鋁酸鹽長餘輝材料主要的缺點是發光顏色單調，發射光譜都集中在 520nm 附近，且發射波長大於 560nm 的長波發射的鋁酸鹽長餘輝發光材料較爲稀缺。

　　中國專利 CN109266335B 揭示一種黃色長餘輝發光材料及其製備方法，克服了上述問題。該新型黃色長餘輝發光材料的化學式爲 $Sr_{12-x-y-z}Al_{14}O_{33}$：$xEu^{2+}$，$yDy^{3+}$，$zHo^{3+}$；式中以 $Sr_{12}Al_{14}O_{33}$ 作爲基質，Eu^{2+}、Dy^{3+}、Ho^{3+} 爲活化劑離子，x、y 和 z 爲莫耳數，透過高溫固相反應共摻雜稀土離子 Eu^{2+}、Dy^{3+}、Ho^{3+}，合成發射黃光的新型鋁酸鹽長餘輝發光材料，所得新型黃色長餘輝發光材料，不僅亮度高、化學穩定性好且餘輝時間長，具有較寬的激發波段，在紫外光或日光激發下可看到 590nm 發射的餘輝發光（圖 2），且製備方法簡易，對環境無汙染，在一些顯示裝置和雷射設備領域有很大的潛在應用價值[11]。

---

[10] CN100379705C，鹼金屬和稀土金屬鎢酸鹽的閃爍劑組合物，專利公告日 2008 年 4 月 9 日。
[11] CN109266335B，一種黃色長餘輝發光材料及其製備方法，專利公告日 2021 年 9 月 17 日。

　　圖 2 顯示該黃色長餘輝發光材料 $Sr_{12-x-y-z}Al_{14}O_{33}$：$xEu^{2+}$，$yDy^{3+}$，$zHo^{3+}$ 的長餘輝發光光譜，其發射峰位於 590nm，在紫外光或日光激發下可看到 590nm 發射的餘輝發光。圖 3 顯示爲該黃色長餘輝發光材料 $Sr_{12-x-y-z}Al_{14}O_{33}$：$xEu^{2+}$，$yDy^{3+}$，$zHo^{3+}$ 的色座標圖，其中 x = 0.523，y = 0.472，說明其發光顏色爲黃色。

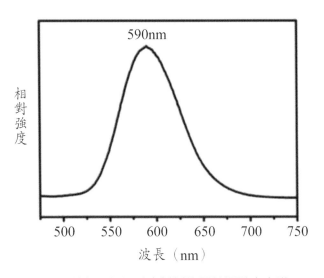

圖2　黃色長餘輝發光材料的長餘輝發光光譜

圖片來源：中國專利 CN109266335B

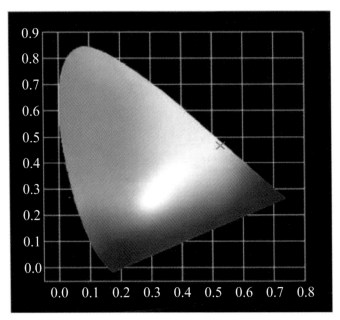

圖3　黃色長餘輝發光材料 $Sr_{12-x-y-z}Al_{14}O_{33}$：$xEu^{2+}$，$yDy^{3+}$，$zHo^{3+}$ 的色座標圖

圖片來源：中國專利 CN109266335B

有機電致發光裝置用稀土發光材料

有機電致發光的研究始於 20 世紀 60 年代，當時使用的是有機材料晶體，需要較高的驅動電壓，而且發光亮度和發光效率不高，未能引起人們的重視，其後 20 多年的研究進展緩慢，到了 20 世紀八九十年代，8- 羥基喹啉鋁（英文名：8-Hydroxyquinoline aluminum salt，分子式為 $C_{27}H_{18}AlN_3O_3$）作為發光層的有機電致發光裝置的出現，可低電壓驅動、才引起人們的重視。有機電致發光裝置具有低電壓直流驅動、高亮度、大視角、易實現彩色化、平板大面積顯示等優點，與無機電致發光裝置相比，有機電致發光裝置加工簡便、機械性能好，成本低；與液晶顯示器件相比，有機電致發光器件回應速度快。

有機發光二極體（organic light-emitting diode，簡稱 OLED）因為其自發光、驅動電壓低、柔性顯示、回應速度快等特性一直備受科學界和工業界人士關注。自 1994 年 Kido 等人成功發明了發白光的白色有機發光二極體（WOLED）開始，為 OLED 在固態照明領域的研究和應用開闢了先河[12]。WOLED 照明器件由於其在綠色環保和節約能源方面的絕對性優勢而在全彩平板顯示技術、液晶顯示技術背光源，尤其是其在作為下一代固態照明光源方面顯示出了巨大的應用潛力，成為科學界研究的熱點領域。在製備成白色電致發光器件（WOLED）時，單分子白光材料相比於大多數共摻混色發光和多發光層的方法得到白光具有更好的可重複性，穩定性以及更簡單的製備工序，可有效避免材料老化速度不同導致的器件不穩定性能以及多材料摻雜體系的材料之間能量轉移問題。若實現此類單分子白光材料，則需要紅、綠、藍三原色或其中兩種互補色發光材料的組裝。中國學研機構有這方面的研究與突破，例如基於三苯胺和稀土錯合物的白色有機電致發光材料製備方法及應用[13]，其合成的新白光材料以稀土銪錯合物作為紅光發色團，並組合了藍光發射的三苯胺螢光團於一個分子內。利用不同發色團的紅藍兩種光匹配，開發了能夠發射高純度白光的稀土有機小分子白光材料，所獲得的白光材料可用作液晶的背光源和固態照明，應用前景廣泛。

用於有機電致發光裝置的發光材料主要有金屬錯合物、有機小分子染料和有機聚合物，屬於有機金屬錯合物（organometallic compound）範疇的稀土有機金屬錯

---

12 J. Kido, K. Hongawa, K. Okuyama, and K. Nagai, 1994, "White light-emitting organic electroluminescent devices using the poly(N-vinylcarbazole) emitter layer doped with three fluorescent dyes", *Applied Physics Letters*, 64(7): 815-7.

13 CN110128453B，基於三苯胺和稀土配合物的白色有機電致發光材料製備方法及應用，專利公告日 2021 年 6 月 1 日。

合物，發射光譜之發射峰的半高峰寬度窄（僅 10 奈米），色純度高，這一獨特優點是其他發光材料所無法比擬的，而且量子效率幾乎可達 100%，是很有前途的有機電致發光材料。其中，稀土銪錯合物的紅光發射波長窄、螢光壽命長，性質介於無機和有機之間，具備好的發光性質並可作爲載流子傳輸材料。目前顯示器件所需的紅、綠、藍二基色的稀土銪有機金屬錯合物的研究還存在很多不足，特別是在稀土銪有機金屬錯合物的提純、合成、檢測等方面，例如中國專利 CN1718668A 係有關有機電致發光材料稀土銪有機金屬配合物的製備方法 [14]，其特徵係以稀土銪離子爲中心離子的有機金屬錯合物的製備方法。

7.3　稀土發光材料在生物醫學的新興應用

　　稀土發光材料作爲新一代螢光標記材料具有其他材料所無法比擬的發光特性，例如豐富的能級、較長的發光壽命、窄的發射線以及高的色純等特性，其基於摻雜的稀土離子自身特殊的電子排列而獲得從紫外到可見再到紅外光區的豐富的發光 [15]。而可見和近紅外發射在生物體中表現出在生物組織中有非常低的自發螢光、高的檢測靈敏度和深的光穿透深度等優勢。由於無機材料比較穩定，利用稀土發光材料作爲螢光標記材料可以大幅度降低雜訊的影響，因此稀土發光材料可應用於諸如紅外光探測、奈米探針、短波雷射、光熱治療、溫度傳感及生物螢光標記等領域。

　　近年來，基於近紅外光激發的稀土發光材料有降低背景自發螢光的干擾、相對較高的組織穿透能力及優良的光穩定性等一系列優勢，稀土摻雜的奈米發光材料在生物組織腫瘤治療中得到越來越廣泛的關注。利用近紅外光激發的稀土摻雜發光奈米材料用於生物體治療不僅需要對生物體進行溫度檢測，還要對其進行有效的光熱治療。

　　稀土在奈米探針的應用，涉及化療、放療、光熱治療、光動力學治療以及免疫治療和基因治療等諸多癌症治療模式的組合，復旦大學發明一種上轉換發光—熱化療複合奈米探針，利用兩層稀土氟化物爲核心 [16]，中間層爲負載有光熱材料的中空

---

[14]　CN1718668A，有機電致發光材料稀土銪有機金屬配合物的製備方法，專利公開日 2006 年 1 月 11 日。

[15]　Kumar, R., Nyk, M., Ohulchanskyy, T. Y, Flask, C.A., Pras, P. N., Combined Optical and MR Bioimaging Using Rare Earth Ion Doped NaYF4 Nanocrystals.Adv.Funct.Mater, 2009, 1 9, 853-859.

[16]　CN108079297B，一種上轉換發光—熱化療複合奈米探針及其製備方法和聯合治療程式化控制的應用，復旦大學，2020 年 6 月 12 日。

二氧化矽殼層，外層為負載有小分子化療藥物的有機分子膜，圖4是該發明複合奈米探針進行聯合癌症治療的示意圖，透過構建一種具備聯合治療功能的上轉換發光奈米複合材料，稀土摻雜的上轉換發光奈米內核用以檢測奈米顆粒的溫度，中空結構的二氧化矽殼層中負載具有光熱轉換功能的小分子，氧化矽殼層上包裹含有化療藥物的熱敏塗層。在近紅外光的照射下，光熱分子產生熱能促使熱敏塗層的解離，化療藥物分子得以釋放，實現癌症化療，同時光熱分子產生的熱能又可以實現癌細胞的熱殺傷，從而降低化療藥物以及熱能的劑量，為新型癌症治療策略的開發，實現更溫和的治療條件以及更低的副作用。

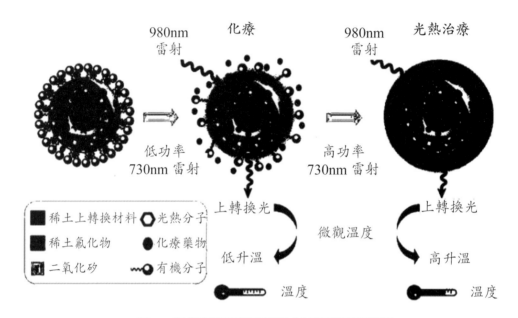

圖4　複合奈米探針進行聯合癌症治療示意圖

圖片來源：中國專利 CN108079297B

　　為了提高稀土摻雜奈米材料的上轉換螢光效率，國際期刊上發表利用染料分子作為無機上轉換材料的吸光天線可以大幅地提高材料的上轉換螢光效率[17]，其原因在於染料分子具有遠高於稀土離子的紅外波段吸收截面，因而可以吸收更多的入射光子進而傳遞給發光的稀土離子。

　　稀土上轉換材料具有較高的發光效率、較小的光漂白、較長的螢光壽命以及較低的長期毒性等，是用於多重檢測的一種很有前景的螢光探針。但由於上轉換材料

---

[17] Nature Photonics 6 (2012)560-564；Nano Letters 15(2015)7400-7407.

摻雜的稀土離子具有多能級的特性，不同稀土離子摻雜或是不同濃度的摻雜得到的材料具有多個發射峰，不同的材料具有光譜重疊，限制了它的應用，如果能夠透過一些結構設計得到單波長發射的上轉換奈米顆粒，將是一種理想的多重檢測螢光探針，在生物分析和疾病檢測方面有更廣闊的應用，期待國際間該領域學者專家有進一步突破性的研究進展。

7.4　建立城市礦山回收機制，開發稀土高端下游產品

稀土螢光材料以其優異的螢光性能在發光材料領域受到廣泛關注，隨著人們對稀土發光材料的不斷深入研究，未來會有更多的稀土發光產品問世，稀土發光材料會成為本世紀重要的、不可缺少的新興功能材料。中國是世界上稀土資源最豐富的國家，素有稀土王國之稱。臺灣面對前無開採、提煉技術，後無礦山資源支持的稀土產業供應鏈窘境，以城市礦山理念建立回收機制，積極開發基於稀土的高端下游產品，發揮稀土在螢光、磁性、雷射、光纖通訊、儲氫能源、超導等材料領域不可替代的作用，並持續發揮既有產業結構效益以及產業技術與市場趨勢應用的競爭優勢，開創臺灣發展稀土產業的新契機。

第八章　稀土在醫學領域的新興應用

稀土元素（rare earth elements, REE）是指 15 種稀土鑭系元素，再加上鈧、釔，總共 17 種元素的總稱。17 種稀土元素在自然界中廣泛存在，具有特殊的電子結構和獨特的化學、物理性質。多年來，利用稀土特殊的物理和化學性質不斷深入在醫學及生物化學方面研究，逐步證明稀土在醫學及健康領域的新興應用日益顯現且日益受到重視，尤其是醫療儀器和藥物的開發，稀土甚至已成為不可或缺的原料。

8.1　稀土在醫療儀器上的應用 [1]

閃爍晶體

稀土材料可用於製造閃爍晶體，在醫療影像上更是有突出的應用。下面，我們一起來了解一下什麼是閃爍晶體、稀土在其中的作用以及閃爍晶體在醫學領域的新興應用。

(一) 閃爍晶體和閃爍晶體探測器

閃爍晶體是指在諸如 x 射線、γ 射線、中子及其他高能粒子的撞擊下，能將高能粒子的動能轉變為光能而發出紫外光或可見光的晶體。以閃爍晶體為核心的探測和成像技術已經在高能物理與核子物理、超快脈衝輻射探測、核醫學成像、太空高能射線探測、太空物理及安全稽查等領域得到了廣泛的應用。

閃爍晶體探測器（scintillation detector）通常用於探測傳統光電探測器不易探測到的輻射，透過閃爍晶體吸收電離輻射並將輻射的能量轉換為光脈衝，並使用諸如光電二極管、電荷耦合檢測器或光電倍增管光電檢測器將光轉換為電子（即電子電流），可用於產生內部器官的醫療影像、非破壞性或非侵入性測試的檢查以及監測環境中影響人類的輻射等各種醫療和健康的行業。

(二) 閃爍晶體製備方法

中國在晶體生長領域，特別是閃爍晶體製備方法上有許多發明。例如涉及一種鈰摻雜稀土硼酸鹽閃爍晶體及其坩堝下降法製備方法 [2]。該發明的鈰摻雜稀土硼酸鹽閃爍晶體的化學式為：$Li_6Gd_{1-x-y}Y_xCe_y(BO_3)_3$，其中 x 的取值範圍為 0～0.9999，y 的取值範圍為 0.0001～0.1，且滿足 x+y ≤ 1。該鈰摻雜稀土硼酸鹽閃爍晶體透過以電負性及離子半徑相近且原子序相對更小的元素 Y 來部分置換 Gd 元素，優化了硼酸釓鋰晶體對於中子的探測性能，並降低了晶體製備的

1　芮嘉瑋，稀土元素在醫學上的應用，Digitimes 專欄，2022 年 7 月 29 日。

2　CN102021651B，鈰摻雜稀土硼酸鹽閃爍晶體及其坩堝下降法製備方法，中國科學院上海矽酸鹽研究所、上海矽酸鹽研究所中試基地，專利公告日 2013 年 1 月 2 日。

原料成本。其中，閃爍晶體的製備方法步驟，包括：按比例稱量各種原料後混合均勻成爲配合料；將配合料壓成料塊後在中性氣氛中預燒結製得 $Li_6Gd_{1-x-y}Y_xCe_y(BO_3)_3$ 多晶原料；以及將多晶原料和籽晶放入坩堝內並密閉坩堝，然後將坩堝置於晶體爐中，在高於 $Li_6Gd_{1-x-y}Y_xCe_y(BO_3)_3$ 熔點 40～120℃的溫度範圍內熔融坩堝內原料和籽晶頂部，並以坩堝下降法生長晶體從而獲得鈰摻雜稀土硼酸鹽閃爍晶體。

此外，另有採用提拉法、坩堝下降法以及其他熔體生長方法生長含有三價鈰離子（Ce^{3+}）的稀土矽酸鹽閃爍晶體製備工藝[3]，其關鍵是在配製原料的過程中，引入與 CeO_2 等莫耳當量的強還原性的 Si_3N_4 原料，在升溫化料以及晶體生長過程中將 CeO_2 還原成 Ce_2O_3，再與 SiO_2 和 Re_2O_3 等氧化物反應合成含有 Ce^{3+} 離子的稀土矽酸鹽單晶體，生長出只含有 Ce^{3+} 離子或極少含 Ce^{4+} 離子的稀土矽酸鹽閃爍單晶體：$Ce_{2x}Re_{2(1-x)}SiO_5$（$0.0001 \leq X \leq 0.02$），式中 Re 代表 Gd、Lu、Y 等 3 種稀土元素的 1 種或其中任意兩種元素任意比例的組合，從而提高閃爍晶體的光輸出。

(三) 閃爍晶體像素化陣列

閃爍晶體探測器（scintillation detectors）通常是巨大的單晶或排列成平面陣列的大量小晶體。許多具有閃爍晶體探測器的輻射掃描儀器包括閃爍晶體的像素化陣列。陣列可以由單行相鄰晶體像素（線性陣列）或多行和多列相鄰晶體像素（二維陣列）組成。線性和二維陣列可以包括數以千計的晶體像素以構建出一系統，以便可透過光電檢測器（photodetector）各別檢測來自每個像素的發射。

例如美國專利 US8816293B2[4] 涉及一種閃爍晶體陣列，該閃爍晶體陣列包括閃爍像素元件陣列，每個閃爍像素元件具有正面和背面，其中至少第一閃爍像素元件和第二閃爍像素元件配置爲使得每個相應的正面與每個相應的背面耦合至一個或多個光電檢測器。閃爍晶體像素化陣列的材料可以選自例如鈰摻雜的溴化鑭 $LaBr_3$（Ce）或矽酸鑥釔（LYSO）等含有稀土元素組成的活化劑或摻雜劑。

圖 1 描繪了彼此平行設置的多個單獨像素元件 12a、12b、12c 和 12d 的線性陣列 10。使用像素元件 12a 作爲示例，每個像素可以形成具有正面 14a、相對的背面 16a、第一相對的側壁部分 18a（頂部）和 20a（底部）以及第二相對的側壁部分 22a（左）和 24a（右）的長方體結構。每個相應像素的正面（例如 14a）通常面向輻

3　CN1259465C，摻三價鈰離子稀土矽酸鹽閃爍晶體的製備方法，中國科學院上海光學精密機械研究所，專利公告日 2006 年 6 月 14 日。

4　US8816293B2, Curved scintillation crystal array, Saint-Gobain Ceramics & Plastics, Inc., patent issued on 2014 August 26.

射源，並且每個像素的背面（例如 16a）發射可檢測的光。光電檢測器可以定位成接收從背面 16a 發射的可檢測光。該專利另一實施例中，閃爍晶體構建了如圖 2 所示的三維（3-D）球面陣列。該球面陣列可以具有多個像素，這些像素與焦點等距並且從中心焦點發射的輻射垂直於每個像素的入射表面。

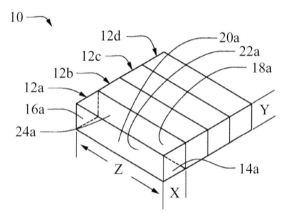

圖 1　線性二維的閃爍晶體像素化陣列陣列示意圖

圖片來源：美國專利 US8816293B2

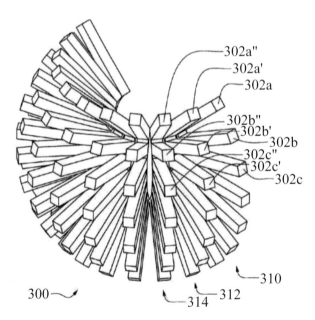

圖 2　三維的閃爍晶體像素化球面陣列

圖片來源：美國專利 US8816293B2

(四) 應用高階醫療影像之高能物理檢測器

　　閃爍晶體在醫療領域的應用產品包括正子斷層掃描用閃爍晶體以及高能物理探測器。目前已有好些斷層掃描技術受到臨床醫學及生物醫學等廣泛應用，其係被使用來顯示解剖結構之圖像及觀察某些組織之生理機能。而爲了達到更高之解析度及更強大之圖像能力，一般使用之斷層掃描技術，如電腦斷層掃描（computed tomography, CT）與磁振造影（magnetic resonance imaging, MRI），對癌細胞之放射感應不靈敏，無法在第一時間偵測出代謝異常之細胞組織，進而有致癌細胞分子迅速分裂擴大之危險。

　　閃爍晶體探測器是利用電離輻射在某些物質中產生的閃光來進行探測的。國內已有專攻單晶生長的業者接受國立大學專利[5]技術授權製造和販賣一種閃爍晶體探測器。該閃爍晶體結構係由鈣（Ca）原子與鈰：矽酸鑥釔（Ce:LYSO）混合製成，使該閃爍晶體探測器 1（圖 3）可顯影出所有癌細胞。其中，該鈣原子之來源係爲濃度 0.00001～0.05 之氧化鈣；當含有癌細胞之待測物經過閃爍晶體探測器檢測時，其待測物中之癌細胞不僅即被閃爍晶體之強放射感應偵測出，並可藉由高解析度之影像，靈敏地量測出癌細胞分子於待測物中之分布情形。

　　詳如圖 3 所示，該閃爍晶體探測器 1 係裝設於正子斷層掃描（positron emission tomography, PET）3 內，該正子斷層掃描 3 包含放置待測物 2 之平台 31、環形之遮蔽屏 32 以及以自由環狀方式排列於遮蔽屏 32 內之閃爍晶體探測器 1 所構成。當使用具有閃爍晶體探測器 1 之正子斷層掃描 3 時，由平台 31 慢慢移動經過遮蔽屏 32 所形成之掃描通道 33，再由遮蔽屏 32 周邊布滿環形排列之數十至上百個之閃爍晶體探測器 1，對平躺於平台 31 上的待測物 2 四周同時進行偵測，此時兩個相對位置之閃爍晶體檢測器 1a、1b 若同時偵測到待測物 2 體內正發射體互毀輻射同時產生之兩個方向相反之光子 4a、4b 時，就會定義出一條通過發光細胞 5 之直線 4。而許多互相交會之線條便能界定出切片上一個個細胞之位置和代謝率。

　　藉此利用摻雜鈣原子以產生電荷補償效應（charge compensation），在鈰：矽酸鑥釔中，鈣會與鈰 +4 價（Ce^{+4}）發生電荷補償，最終產生鈰 +3 價（Ce^{+3}），使閃爍晶體內 Ce 之價數分布更均勻，進而補償該鈰：矽酸鑥釔之電荷平衡，如此不僅可減少非輻射能量轉移而增進光產率（light yield），且在鈰能階提升下，更可增強對癌細胞之放射感應。此外，也無需藉由熱處理（annealing）方式改變 Ce 之電荷，即可容易明顯得知癌細胞分子之分布情形。

5　US8158948B2, Scintillating crystal detector, patent issued on 2012 April 17.

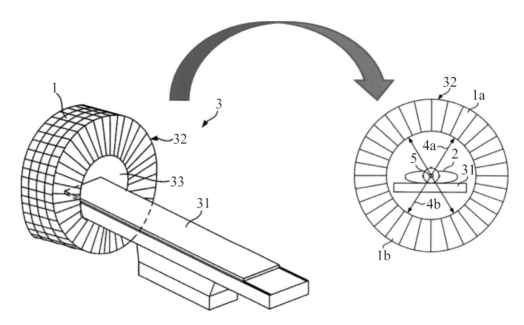

圖 3　閃爍晶體探測器的結構及其使用狀態示意圖

圖片來源：美國專利號 US8158948B2（作者改繪）

(五) 加速晶體產業發展，奠定臺灣在國際長晶科技的地位

　　國內已有業者積極研發閃爍晶體長晶技術，並對晶體生長爐設備及其製程進行改良，適合發展高端醫學影像行業，創新研發各式醫療用閃爍晶體。稀土閃爍晶體目前最重要的應用之一是正子斷層掃描（PET），它是唯一可在活體上顯示生物分子代謝、受體及神經介質活動的新型影像技術，現已廣泛用於多種疾病的診斷與鑑別診斷、臟器功能研究和新藥開發等方面。對診斷癌症、阿茲海默氏症等所需之生醫影像，甚至可偵測到 5mm 以下的腫瘤大小，算是為稀土增添了一項在醫療領域的新興應用。稀土關鍵材料可用於製造醫療用閃爍晶體，加速國內晶體產業發展，奠定臺灣在國際長晶科技的地位，有工業維他命之稱的稀土，真是功不可沒。

腫瘤檢測

　　稀土可用於腫瘤細胞的檢測用途，例如一種具有螢光檢測探針的腫瘤細胞檢測試劑盒[6]，其特徵在於該螢光檢測探針係由對循環腫瘤細胞抗原性表位的抗體修飾之

6　CN112034160A，一種基於稀土奈米材料螢光放大的循環腫瘤細胞檢測試劑盒及其應用，中國科學院福建物質結構研究所，專利公開日 2020 年 12 月 4 日。

稀土奈米材料構成，其中稀土奈米材料較佳為 XYF_4 奈米晶，X 選自鋰、鈉、鉀的其中一種或多種，Y 選自鈰、釹、鉳、鏑中的其中一種或多種；例如稀土奈米材料為 $NaEuF_4$ 奈米晶。此外，亦可採用稀土奈米材料作為標記物，其性質穩定、可修飾性強、成本低廉，且每個奈米晶含有數千個鑭系離子，極大地提高了稀土離子的標記比率，且不受抗凝劑的影響，適用性廣；在稀土奈米材料作為標記物的免疫複合物形成後，加入增強液，使稀土奈米材料溶解成稀土離子，並與增強液中的螯合物形成新的信號分子，產生分子內和分子間能量傳遞，螢光增強近百萬倍，採用時間分辨檢測螢光信號，極大提高了檢測靈敏度[7]。稀土亦可用於惡性腫瘤早期快速檢測及多模態成像的金屬離子試劑和影像製劑[8]，且該金屬離子試劑為含有鈰或鑭等稀土金屬離子的水溶液，能在病變細胞內原位合成多模態成像的影像製劑，可非侵入式的對病灶部位進行即時動態的高靈敏快速示蹤和監測。

隨著生命科學的不斷發展，螢光成像分析目前廣泛應用於活細胞分析的一種有效的視覺化分析技術。稀土配合物螢光探針由於其優越的光學特性已被應用到生命科學研究的各個領域，例如利用一種活細胞中稀土離子 La^{3+} 或 Lu^{3+} 的螢光成像方法[9]，透過探針對細胞內 La^{3+} 或 Lu^{3+} 染色，探針與活細胞相容並滲透到細胞內，用螢光倒置顯微鏡檢測出清晰的螢光細胞圖像，是一種高選擇、高靈敏地對活體癌細胞中微量稀土的螢光染色及成像方法。

稀土醫用鎂合金

鎂適用於多種涉及移動和醫療應用的特定特性。例如，在心血管或整形外科等各種醫療應用中，鎂可以是可生物降解的或可生物吸收的，並且比其他常規材料毒性更小。鎂合金因其良好的生物相容性、可降解性，以及與人體骨骼相似的密度和彈性模量等特性，在生物醫用植入材料領域受到廣泛關注。以鎂合金製備的支架、骨板等植入人體後不僅無害，而且能在人體的生物環境中逐步降解，使患者免於二次手術的痛苦，因而在臨床應用領域有顯著的優勢。但鎂合金較高的降解速率，限制了鎂合金材料在生物醫用材料領域的進一步推廣和應用。此外，鎂中常見諸如

---

7 CN103969432A，一種稀土奈米材料溶解增強時間分辨螢光免疫分析方法，中國科學院福建物質結構研究所，專利公開日 2014 年 8 月 6 日。

8 CN105214103B，用於惡性腫瘤和心腦血管相關疾病早期快速檢測及多模態成像的金屬離子試劑和影像製劑，東南大學，專利公告日 2018 年 4 月 24 日。

9 CN104833664B，一種活細胞中稀土離子 La^{3+}、Lu^{3+} 的螢光成像方法，貴州大學，專利公告日 2017 年 8 月 8 日。

鎳、銅、鐵的雜質，可能會有高腐蝕速率的問題浮現。因此，研究和開發新型耐腐蝕可植入鎂合金成了研究熱點。

引入稀土元素可以提高鎂合金的力學性能，改變腐蝕層結構，從而提高鎂合金的抗腐蝕性能。例如美國專利 US20160215372A1 主張一種鎂合金，包括含有釔、除釔以外的稀土元素（REE）和餘量的鎂的稀土元素合金成分[10]。釔以外的稀土元素可以可以選自釓、鐿、鉺、釹、鑭、鈰及其組合等重稀土元素和輕稀土元素。該鎂合金的重量百分比組成，包括約 4～10% 的釔、約 0～9% 的重稀土、約 0～7% 的輕稀土、0～7% 的鋅、0～0.7% 的鋯以及高達 90% 的鎂。此外，稀土元素釔（Y）、鐿（Yb）、釹（Nd）及釓（Gd）對鎂合金同樣也起了很好的固溶強化作用。例如中國西南大學發明一種含稀土元素的析出強化型生物醫用鎂合金（Mg-Zn-Yb-Zr），該鎂合金各組分重量百分比為：Zn 5.0～6.0%，Yb 1.0～2.0%，Zr 0.3～0.5%，其餘為 Mg。將重稀土元素鐿（Yb）引入合金體系以此調控析出相形貌和分布，有效提升基體合金耐腐蝕性能。透過該工藝製備的鎂合金具有耐腐蝕、高強度力學性能、生物相容性好和體內可體內降解的優點，適用於血管支架、骨釘、骨板等醫用生物植入體[11]。

稀土巧扮醫療小幫手，提高腫瘤檢測靈敏度

癌症，又稱惡性腫瘤，已經成為 21 世紀影響人類身體健康及生命的最大殺手。臨床醫療工作中，惡性腫瘤的發現主要依賴於影像學、病理學及常規腫瘤標誌等檢查技術。為了提高腫瘤患者的存活率和生活品質，研究更先進的診斷方法及製劑，來實現準確、及時的癌症早期診斷及治療一直是人們努力的方向之一。隨著生物醫學研究的不斷深入，視覺化的生物成像技術在生命科學和醫學領域扮演著越來越重要的角色，螢光成像技術能對腫瘤的生長進行標記和示蹤，可對各種癌症模型的腫瘤生長情況進行測量，即時監測癌症治療中癌細胞的變化。稀土巧扮醫療小幫手提高癌症腫瘤檢測靈敏度，對於早期發現癌變位點並及時對其進行靶向治療，有助癌症有效治療。同樣地，對於金屬支撐植入物或整形外科植入物，特別是骨修復領域，含有稀土成分的鎂合金也發揮了維生素的效果。

---

[10] US20160215372A1, Biodegradable magnesium alloy, Medtronic Vascular Inc., patent publication on 2016 July 28.

[11] CN112813324B，一種析出強化型可植入鎂合金及其製備工藝，西南大學，2021 年 9 月 28 日。

8.2　稀土在藥物上的應用 [12]

　　稀土元素具有很好的藥理作用，對於改善藥物的性能、提高藥效找到了新的途徑，諸如抗凝血、治療燒傷、抗炎殺菌、消炎鎮痛、降血糖血脂、抗動脈硬化、抗腫瘤等功效。適量的稀土元素或化合物對於防禦一些疾病是有利的，還有抗自由基、延緩衰老及提高免疫力等有益的作用，使得稀土在醫藥學和病理學領域有廣泛的應用前景。

抗凝血材料

　　在具有抗凝血功能的人工關節表面處理方法上，也有稀土應用的身影。例如在人工關節的表面均勻塗覆有摻雜稀土元素的二氧化鈦複合膜，經過稀土元素摻雜的二氧化鈦複合膜透過磁控濺射技術沉積在人工關節基體表面上，從而可以在形狀複雜的人工關節表面合成抗凝血生物塗層，使得人工關節血液相容性能和耐磨損性均得到改善 [13]。同樣方法可在人工器官表面塗覆有經輕稀土元素鑭或鈰摻雜的二氧化鈦複合膜，從而獲得抗凝血生物塗層的應用 [14]。

　　在抗凝血生物材料的設計開發上也有稀土的身影，例如一種研究血液相容性材料的蛋白質選擇性吸附模型及其驗證方法，其特徵在於建立包括鑭、鈰和釹等輕稀土元素摻雜的氧化鋅晶體模型，利用生物物理模型、表面性質測試和生物表徵的檢驗方法，篩選血液相容性優異的生物材料，開發設計出新型的凝血或抗凝血生物材料 [15]。

燒傷藥物

　　稀土用途還可用於治療燒傷或治療皮膚創傷的外用藥物。研究發現一些有重要作用的藥物原料如稀土鈰鹽類、核糖、可溶性銀鹽在抑菌、殺菌以及促進組織的再生和修復方面起著十分重要的作用。例如有人發明一種含有稀土鈰鹽類治療皮膚創

---

12 芮嘉瑋，稀土在醫療藥物上的應用，北美智權報 314 期，2022 年 08 月 10 日，http://www.naipo.com/Portals/1/web_tw/Knowledge_Center/Industry_Economy/IPNC_220810_0705.htm

13 CN104513964A，一種磁控濺射改性處理人工關節的方法，無錫慧明電子科技有限公司，專利公開日 2015 年 4 月 15 日。

14 CN101024096A，一種表面改性處理的人工器官及其製備方法，中山大學，專利公開日 2007 年 8 月 29 日。

15 CN102590452B，一種研究血液相容性材料的蛋白質選擇性吸附模型及其驗證方法，中山大學，專利公告日 2015 年 9 月 23 日。

傷的外用製劑，具體採用磷酸鈰或硝酸鈰；採用鈰鹽作為配方成分進行有機組合，其有效含量在 0.1～1.0% 之間；低濃度的鈰具有抑菌和殺菌作用，並有促進創口癒合，減輕局部發炎的效果[16]。例如有人發明一種含有硼酸稀土成分的的藥膏[17]，用以治療燒創傷，具抗菌力強，防感染癒合快，不留疤痕等優點，適用於各種燒傷、化學灼傷、創傷病人的治療。另，有人發明一種含有有機酸根稀土鹽之創傷燒傷抑菌藥，其中該有機酸根稀土鹽係由甲酸、乙酸、丁酸、戊酸、異辛酸、馬來酸、富馬酸、苯磺酸或酒石酸的鈉鹽與硝酸鈰反應製得甲酸鈰、乙酸鈰、丁酸鈰、戊酸鈰、異辛酸鈰、馬來酸鈰、富馬酸鈰、苯磺酸鈰和酒石酸鈰。

抗炎、殺菌作用

　　稀土是有效的殺菌物，在醫學上的用途還可發揮抗菌抑菌的作用，拓寬其臨床應用範圍。稀土化合物如氨基酸稀土、氯化稀土等塗抹於人體或動物破損皮膚，治癒皮膚傷口確有獨到之處，主要是因為稀土化合物促進了細胞的分裂與生長。皮膚表面的細胞脫落、皮膚表皮基底的細胞分化、增生，從而達到收斂傷口、消炎抗菌，加速傷口癒合，並且沒有毒副作用。例如一種可用於抗菌抑菌創傷敷料的鑭系稀土配位纖維素醫用材料，該醫用材料是由纖維素的伯羥基（primary hydroxyl）氧化成羧基後與鑭系稀土金屬離子配位所得，既具有纖維素材料良好的吸溼保溼透氣性和生物相容性，又兼具稀土配位元良好的抗菌抑菌性能，同時亦可摻雜或接枝諸如殼聚糖（chitosan）、海藻酸鈉、膠原蛋白等大分子化合物，增強其抗菌抑菌、促進創傷修復的治療作用[18]。稀土還可用來作為治療皮膚病的藥物，例如含有硝酸鈰等硝酸稀土成分的藥物[19]。

抗癌藥物

　　稀土在醫學上之用途還包括在治療腫瘤的藥物中。例如美國專利 US20200155715A1 涉及一種含有稀土氧化物之放射微球以及包含該放射微球之填充物，經中子活化照射後具放射性，可以用於治療骨腫瘤[20]。其中，該放射微球的

---

[16] CN1219519C，治療皮膚創傷的外用製劑，上海大學，專利公告日 2005 年 9 月 21 日。

[17] CN1840045A，一種含稀土的治療燒創傷的藥膏，專利公開日 2006 年 10 月 4 日。

[18] CN104277124B，一種鑭系稀土配位纖維素醫用材料及其製備方法，山東省醫療器械研究所，專利公告日 2017 年 1 月 4 日。

[19] CN1232263C，含有稀土的治療皮膚病的藥物及其製備方法，專利公告日 2005 年 12 月 21 日。

[20] US20200155715A1, "RADIOACTIVE MICROSPHERE, PREPARATION METHOD THEREOF AND RADIOACTIVE FILLER COMPOSITION", Platinum Optics Technology Inc., patent published on 2020 May 21.

製備，係以化學式 $Ca_3Si_2O_7$ 表示之玻璃粉末和氧化釔（Y_2O_3）粉末以莫耳比 80：
20 之比例進行均勻球磨混合，施以熔融形成玻璃後進行粉末研磨，再施以火焰
高溫（1,200℃～2,000℃）熔射而形成如圖 4 所示之放射微球掃描式電子顯微鏡
（SEM）照片，所得放射微球之球形度介於 0.71 至 1 之間。

　　而該專利所主張的放射微球填充物，係添加放射微球至可吸收人工骨填補材料
中，並將可吸收人工骨填補材料注射填補至經腫瘤切除後之骨缺損部位，利用腫瘤
血管增生的特性，而能將微球遞送至目標殘餘骨腫瘤組織進行輻射消融或治療，隨
微球停留時間增加，其中的放射性元素將逐漸衰減，甚至消失而成為無害的微球殘
留於體內，最終微球可吸收人工骨填補材料降解經骨組織溶解吸收後骨礦化形成新
生骨，加速腫瘤切除後骨組織的再生，可避免因腫瘤切除不乾淨造成腫瘤必須大範
圍切除的問題，同時切除手術後續的化療與放射線療法的不便亦可獲得改善。

　　稀土對癌組織有較強的親和力，與癌組織結合後可干擾癌細胞的代謝和 DNA
的合成，可對抗人類多種腫瘤細胞株（如乳腺癌、肺癌、胃癌、白血病等）生長和
增殖，在癌症預防及治療的用藥組合物上的開發，對整個人類健康事業有著十分重
要的意義。

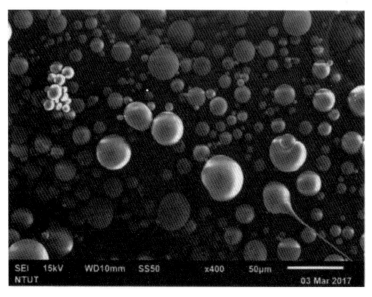

圖 4　放射微球掃描式電子顯微鏡（SEM）照片

圖片來源：美國專利公開號 US20200155715A1

對神經系統作用

　　麩氨酸（glutamate，Glu）是一種酸性氨基酸，分子內含兩個羧基，是一種重要的興奮性神經遞質，對中樞神經系統正常功能活動與神經調節發揮著重要作用，因此與許多神經病變的發生有密切的關聯，諸如急性缺血性中風、帕金森氏病、癲癇和阿茲海默氏病等疾病，因此麩氨酸常常作爲神經疾病的一種標記物。而螢光檢測法是一種快速準確且簡單高效用以檢測麩氨酸濃度的方法，進而能實現即時監控和預防神經疾病發生，近年來被廣泛研究。例如中國學術界發明一種稀土—有機多孔材料（rare earth-organic porous material）作爲螢光探針檢測體系中含有神經疾病標記物麩氨酸的應用 [21]，該發明所製備的稀土—有機多孔材料其分子式爲：$(C_{26}H_{30}Ln_3O_{22}) \cdot (G)_x$，式中 Ln 爲稀土元素銪（Eu）、鋱（Tb）或釓（Gd），稀土—有機多孔材料因同時具備稀土離子和有機分子的特性，引入特異性識別官能團羥基，加強麩氨酸與探針的相互作用，對神經疾病標記物具有顯著的螢光回應，如圖 5 所示，隨著麩氨酸濃度的增加，Tb^{3+} 的特徵發射強度（544nm 處）基本不變，而配體的螢光（430nm 處）迅速增加。因此可採用稀土發光爲內標，有機分子的發光爲檢測信號，實現麩氨酸的準確檢測，可應用於神經疾病的早期預防和診斷。

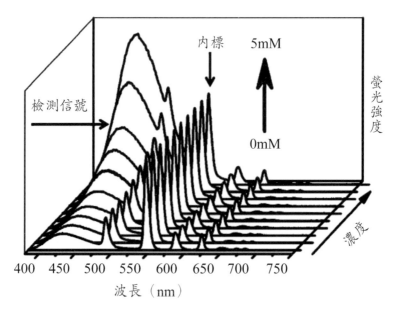

圖 5　稀土—有機多孔材料加入不同量麩氨酸的螢光發射光譜圖

圖片來源：中國專利公告號 CN108456218B

21　CN108456218B，一種稀土—有機多孔材料及其製備方法和在神經疾病標記物麩氨酸檢測中的應用，浙江大學，專利公告日 2020 年 3 月 17 日。

8.3 稀土在醫學上的極致應用將是人類一大福音

　　稀土在醫藥、微生物等生物學領域的應用研究越來越活躍。近年來有關利用稀土元素提高微生物發酵產物的研究也有報導，例如稀土元素在靈芝液體發酵上的應用研究，有人發明一種提高靈芝多醣產量的液體發酵方法，透過在培養基中添加稀土元素鑭、釹或鑭，所產靈芝多醣可用於降血糖血脂、免疫力調節、抗腫瘤等藥物的製備[22]。稀土元素與微生物相互作用且提高微生物代謝功能的研究，近來也引起人們對稀土元素在生物學領域中應用的關注。此外，稀土用以治療愛滋病的研究，被認為是將稀土的功能擴大到生物學領域的極致成果，正如大阪大學足立吟也教授給予稀土正面的評價：「如果能在醫學上用稀土催化劑切斷愛滋病病毒和癌症的基因，將是人類最大的福音。」[23]

---

[22] CN101880700B，一種提高靈芝多糖產量的液體發酵方法，山東省農業科學院土壤肥料研究所，專利公告日 2012 年 9 月 5 日。

[23] 梁碧峯，化學與人生，Airiti Press Inc.，2012 年 10 月 31 日出版，頁 207。

第四篇

稀土關鍵材料供應風險與管理

4

「求你指教我們怎樣數算自己的日子，
好叫我們得著智慧的心。」
（詩篇 90：12）

「事實證明真理總是比你想像得更簡單。」
—— 理查・菲利普・費曼

The truth always turns out to be simpler than you thought.
— Richard Philip Feynman

第九章　強化稀土關鍵材料供應鏈風險管理的因應作為

　　由於稀土元素的礦產資源集中在中國且占全球總產量的 96%，使得中國成為稀土元素主要供應國。中國為了增加自己國內稀土的儲備量，2011 年實施出口配額減少，其稀土出口量不但逐年遞減（2009 年至 2012 年減少了約 38%），稀土元素產品的價格也因此上漲了約 600%[1]。稀土的多種用途，預計其需求在未來還會大大增加，引起了人們對稀土資源快速消耗的擔憂，供應鏈有限的風險成為人們關注的焦點。

　　稀土是我國電動車用高效馬達、離岸風電風力發電機之永磁材料中不可或缺的重要組成，也是半導體晶圓化學機械拋光研磨和節能傳動元件的關鍵材料，但 100% 國外進口。對於國內有供應鏈風險之關鍵原材料，在壟斷及斷料危機下，可進一步考量穩定國內稀土關鍵材料供應的因應作為，包括尋求國際合作開發中國以外之稀土供應鏈、開發稀土元素減量使用技術、稀土替代材料的開發或使用低階稀土替代可行性、政府設立稀土原料庫存機制以及稀土回收再利用技術等策略，提供國內穩定稀土供應的解決之道。

9.1　尋求中國以外之稀土供應鏈[2]

　　除了中國以外，越南、巴西、俄羅斯、印度，依序位居全球稀土儲存量的前五名，美國、緬甸、澳洲等國的稀土產量僅次於中國。在中國主導全球稀土的儲存量和產量之下，西方國家無不積極在全球各地尋找中國以外的稀土供應來源，並開發中國以外的稀土供應鏈，以穩步減少對中國的依賴。

運用國際合作建立多元稀土料源之取得

　　全球 7% 的稀土資源用於軍工領域，美軍的軍工稀土大部分都是仰賴中國進口，這也是為什麼美中科技戰後美國積極尋找稀土資源。開發中國以外的稀土供應鏈，除了境內開設新礦之外，因應壟斷及斷貨危機，亦可運用國際合作，建立多元稀土料源之取得。

(一) 北極圈裡的稀土之戰

　　隸屬於丹麥的格陵蘭島是全球最大的島嶼，島上有 80% 的面積覆蓋著永凍

1　E. Machacek, N. Fold, Alternative value chains for rare earths: the Anglo-deposit developers, Resour Policy, 42 (2014), pp. 53-64, https://doi.org/10.1016/j.resourpol.2014.09.003 (last visited Jan. 23, 2021).

2　芮嘉瑋，運用國際合作開發中國以外稀土供應鏈 設立稀土原料庫存機制，2022 年 10 月 12 日，北美智權報 318 期，http://www.naipo.com/Portals/1/web_tw/Knowledge_Center/Industry_Economy/IPNC_221012_0705.htm

土，隨著全球暖化日益嚴重，冰層融化帶給格陵蘭意想不到的機會，出現諸如稀土、煤、鋅、銅、鐵礦等豐富礦藏，讓外界對島上蘊藏的豐富稀土礦產起了濃厚的興趣。格陵蘭南部的寬納斯特（Kuannersuit），蘊藏僅次於中國的稀土儲量，同時占全球稀土產量的10%，其豐富的稀土資源，不僅引來中國覬覦，在美中貿易紛爭之際也同時引來美國川普前總統打算購置島上礦產之念。西方國家想要打破中國雄霸稀土市場的局面，格陵蘭島上豐富的稀土礦產，勢必得及早關注。2021 年 4 月，格陵蘭舉辦了一場眾所矚目的議會選舉，這場大選結果不僅攸關格陵蘭的未來，也因為事關稀土開採而受到中國、歐美等列強的矚目[3]。格陵蘭島上的稀土資源，有潛力成為西方列強在中國以外的另一個重要的稀土戰場。

(二) 與中國以外全球最大稀土供應商攜手合作

澳洲是全球第四大稀土生產國，占全球稀土產量 7%。萊納斯公司（Lynas Corp.）是中國以外全球最大的稀土供應商；除中國企業外，全球僅有萊納斯公司具備規模化的稀土冶煉分離能力。目前提煉分離的核心技術都為中國所掌握，且澳洲的價格要比中國貴很多，即便如此，中美相爭之下，美國仍與澳洲稀土供應商萊納斯公司合作。美國境內過去一直都沒有稀土萃取分離廠，然而，就在 2019 年 5 月美國德州稀土處理廠藍線公司（Blue Line Corporation）宣布已跟澳洲稀土供應商萊納斯公司簽署合作備忘錄（MOU），將在美國成立稀土萃取分離廠房。萊納斯公司是中國以外地區規模最大的稀土供應商，而藍線公司則是美國處理稀土產品的領導廠商。萊納斯公司和藍線公司兩家公司攜手合作在美建廠，目標就是填補美國稀土產業供應鏈的關鍵缺口。掌握自主料源與提煉技術，已是國際間許多重要國家已有的共識；美澳兩國的合資企業，提供一個位於美國本土的供應源，成為國際間開發中國以外之稀土供應鏈、確保美企的稀土供應不斷鏈的代表作。

(三) 越日兩國簽署合作協定

越南是全球第二大稀土儲量國，主要礦場有東寶（Dong Pao）、萊州（Lai Chau）、安沛（Yen Bai），絕大多數稀土都來自原生礦床，一小部分位於沿海沙礦床。日本因 2010 年與中國發生釣魚台主權之爭，中國政府以限制稀土原料出口至日本（2010-2015）作為警示時，開始意識到稀土是國家戰略物資，但因日本境內稀土資源不足，積極向海外礦源尋求合作，2011 越南日本戰略合作協定就此簽署，並就聯合開發計畫達成協議，由日本提供探勘和熔煉技術，礦場則是在越南。值得一提，早在中國一開始祭出限制稀土出口之際，日本便已經著手發展回收舊手

3　Greenland votes, split on rare earth metals mining, https://www.dw.com/en/greenland-votes-split-on-rare-earth-metals-mining/a-57113587

機、電腦稀土金屬，以及不使用稀土金屬的磁鐵，西方國家也積極在全球各地尋找中國以外的稀土供應來源。

積極尋求國際合作，削弱中國稀土武器威脅

在全球先進國家積極發展高科技的氛圍下，稀土存量成為各國家戰備儲存的首要項目。綠能催化下，未來稀土進口需求將持續攀升，尋求合作積極開發中國以外之稀土供應鏈的國家也將會越來越多。鑑於稀土供應商的多元化，中國出口禁令很難再產生像 2010 年那樣強烈的衝擊。這種情況下，若能成功運用國際合作建立多元化稀土料源，進而發展自己的稀土產業供應鏈，中國將很難使用限制稀土出口來威脅西方國家，也讓中國這項武器的威脅力大幅下降。

9.2 開發稀土減量與替代技術 [4]

原物料供應鏈是競爭優勢的來源

美國民主黨總統拜登競選時，提出斥資 2 兆美元發展電動車基礎建設等綠能方案。為擴充綠能金屬、稀土產能，除了贊成採礦商擴充美國產能以支援電動車、太陽能等綠能產業所需，也支持兩黨在境內打造包括稀土在內的戰略原料供應鏈的計畫。電動車指標車廠特斯拉（Tesla Inc.）已嗅覺原物料供應鏈至關重要、是競爭優勢的來源，為此已開始布局往上游移動、跨入原物料領域，其他汽車業者預料也會跟進。

隨著電動車普及率增加，占比也隨之攀高，預估 2030 年全球電動車銷售量上看 3,000 萬台。電動車對稀土的需求比傳統車型多 25 倍，例如豐田汽車製造一台電動車 Prius 就需要 25 公斤的稀土，而普通的內燃引擎汽車僅需 1 公斤左右。在電動車電池等高科技產品的需求年年增加之際，稀土需求飆升，製造商不得不受限於稀土的供應源。然而，2018 下半年，中國調降 36% 之稀土開採、提煉配額，此舉給世界各地的製造商造成恐慌，驅使各國開始尋找新的替代方案，加速開發稀土減量替代的先進技術。

稀土元素減量使用技術

基於環保意識、稀土資源有限性及其使用成本的大幅度提高，開發少稀土甚

---

4 芮嘉瑋，減少關鍵原料的依賴：稀土的減量與替代，Digitimes 專欄，2022 年 9 月 27 日。

至無稀土類高性能永磁材料越來越成為世界各國磁性材料研究的重要方向之一。在重稀土元素減量使用技術上可採用低階稀土或使用較便宜的稀土替代。一般來說，輕稀土元素如鐠（Pr）、釹（Nd）等元素的價格是重稀土元素的十分之一甚至幾十分之一。近年的研究表明，透過晶界擴散不但能引入鏑（Dy）、鋱（Tb）等重稀土元素提高主相晶粒表面的各向異性場，也可以引入鐠（Pr）、釹（Nd）等輕稀土元素甚至鋁（Al）、銅（Cu）等非稀土元素進行晶界相調控，例如中國專利CN113808839A，以提高矯頑力。但目前，這些不含重稀土的擴散劑對矯頑力的提升效果仍然不如重稀土擴散劑，有待業者持續研究開發適合工業上一般使用之不含重稀土的擴散劑，例如合理利用輕稀土或非稀土擴散劑，以製備出高矯頑力高磁能積的商用釹鐵硼磁體，是目前業內急需解決的問題之一。

　　近年美國能源部埃姆斯國家實驗室（Ames National Laboratory）開發出一種新材料可能會減少或替代永磁體中之稀土元素[5]。研究團隊表示，由於鈰是一種含量非常豐富且容易提煉的稀土金屬，為此開發一種無重稀土元素（heavy rare earth element-free, HREE-Free）的鈰鈷化合物，分別為 $CeCo_3$ 和 $CeCo_5$，有機會降低釹（Nd）、鏑（Dy）的用量。以 $CeCo_3$ 為例，添入合金可從順磁體（paramagnet）轉變為鐵磁體（ferromagnet），再加入鎂金屬即可轉變成永久磁鐵，有助緩解釹（Nd）、鏑（Dy）等稀土供應的挑戰；但其性能尚不如稀土磁鐵，現在仍無法取代釹鐵硼強力永久磁鐵，不過已經可替代一些較低階的磁鐵，逐漸減少稀土的含量。

稀土替代材料的開發

　　用於電動汽車驅動用的馬達，常因啟動、超車等加速性能而要求馬達能夠提供暫態的峰值轉矩，此時電動汽車用之永久磁鐵式旋轉電機，為了產生該峰值轉矩而將轉子的永久磁鐵採用磁能積較大的稀土類磁鐵，該稀土類磁鐵常常為了耐受高溫環境而添加了重稀土元素鏑（Dy）。鏑（Dy）雖具有高的矯頑磁場強度而有助於穩定永磁體，但鏑資源枯竭的風險高，為了回避此風險而有必要考慮易於獲取的無稀土永久磁鐵材料，使得新型無稀土永磁的研究與開發成為磁性材料領域的研究熱點，生產不使用稀土之永磁同步馬達的需求也日益增加，包括豐田汽車（Toyota Motor Corp）、日產汽車（Nissan Motor Co）、BMW 和福斯汽車（Volkswagen AG）等汽車大廠都正在探索基於環保和可用材料的無稀土永磁體技術。

5　Scott McMahan, New Materials May Reduce or Replace Rare-Earth Elements in Strong Permanent Magnets, 2019 April 3, https://eepower.com/news/new-materials-may-reduce-or-replace-rare-earth-elements-in-strongest-permanent-magnets/

　　無稀土永磁體依其永磁材料成分組成可分爲鐵氧體（ferrite）、MnBi 基永磁體、MnAl 基永磁體、MnGa 基永磁體 4 個分類。

　　以鐵氧體（ferrite）爲例，日本電裝（Denso Corp.）於 2013 年申請美國專利 US9006949B2（主張最早優先權日 2012 年 2 月 13 日，申請號：特願 2012-027910），涉及用於混合電動車且具有雙定子結構的雙定子同步馬達，該雙定子同步馬達因使用鐵氧體磁體代替稀土磁體，有效地提供一種能夠在不使用任何稀土磁體或使用少量稀土磁體的情況下仍然能夠產生高輸出扭矩的雙定子同步馬達[6]。又，2014 年發表一篇期刊，涉及一種用於電動車應用之新型多氣隙槽形線圈馬達（multi air gap motor with trench-shaped coil）。與傳統的單氣隙馬達相比，新型多氣隙槽形線圈馬達在不含稀土磁體的情況下仍具有高扭矩，因爲它具有多個氣隙和鐵氧體永磁體輔助分段轉子磁極[7]。從該專利及期刊可看出日本電裝正在研究發展一種兼及無稀土磁體的低成本和高扭矩馬達的可能性。

　　以 MnBi 基永磁體爲例，豐田汽車旗下北美事業公司（Toyota Motor Engineering & Manufacturing, North America, Inc.，簡稱 TEMA）申請美國專利 US10410773B2，該專利涉及錳鉍（MnBi）奈米粒子的合成和退火，具體而言，係關於一種用以製備具有 5 至 200nm 粒徑的 MnBi 奈米粒子的溼化學方法，當在 0 到 3 T 的場中以 550 到 600K 退火時，該奈米粒子表現出大約 1 T 的矯頑力，且適合用作永磁材料[8]。圖 1 左側顯示鐵磁性 MnBi 存在於 MnBi 相圖的所謂「低溫相」（LTP）區域中，在它的上方存在所謂「高溫相」（HTP），且該高溫相顯示出反鐵磁性行爲。圖 1 右側顯示當將該溼式合成 MnBi 奈米粒子加熱至 800K 的溫度時，誘發從鐵磁性低溫相至反鐵磁性高溫相的變化。

　　以 MnAl 基永磁體爲例，中國同濟大學申請一種非稀土 MnAl 永磁合金的製備方法專利[9]，是將熔融金屬澆注到模具中得到合金錠，然後將合金錠送入眞空加熱爐，得到淬火合金錠。該 MnAl 永磁合金係以 $Mn_{60-x}Al_{40+x}$ 化學式表示其組成，其中 X=0～10。另，杭州電子科技大學申請一種包括錳、鋁、銅和碳的無稀土永磁合金[10]，該 MnAlCuC 永磁合金，分子式爲 $Mn_{50+z}Al_{50-x-z}Cu_xC_y$，其中 x=1～4，y=1～3，

[6] US9006949B2, Synchronous motor, Denso Corporation, Patent issueed on 2015 April 14.

[7] Keiji KONDO, Takeo MAEKAWA and Shin KUSASE, 2014, A New Multi Air Gap Motor with Trench Shaped Coil for HEV Applications, 論文 7 (denso.com)

[8] US10410773B2, Synthesis and annealing of manganese bismuth nanoparticles, Patent issued on 2019 September 10.

[9] CN104593625B，一種無稀土 MnAl 永磁合金的製備方法，同濟大學，專利公告日 2017 年 2 月 22 日。

[10] CN106997800A，一種無稀土 MnAlCuC 永磁合金及其製備方法，杭州電子科技大學，專利公告

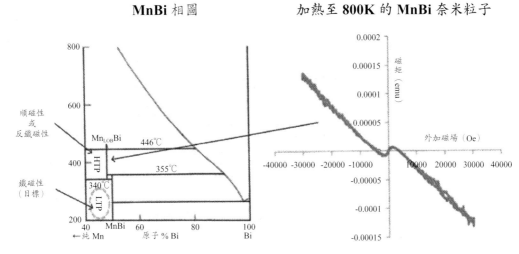

圖 1　MnBi 相圖及加熱形成高溫相的 MnBi 奈米粒子相變化

z=0～2。

　　MnGa 合金的專利相對較少，但有發現 MnGa 合金磁硬化方面的研究，包括中國專利 CN107622852A 涉及一種在不改變四方 $MnxGa$ 合金物相和晶粒尺寸的基礎上，透過在 $MnxGa$ 合金粉末中引入微觀應變而直接獲得高矯頑力的方法，以及中國專利 CN106816253B 係涉及透過合金塑性變形得到緻密的磁硬化 Mn-Ga 合金磁體的方法。

　　整體而言，使用無稀土方案來降低永磁電機的成本，同時又能保持電機效率不減為技術上的目標。就無稀土永磁技術的專利權人中發現，Toyota Motor Engineering & Manufacturing North America, Inc. 的專利技術表現最為亮眼，其次為 Ford Global Technologies, LLC，展現其對無稀土永磁電機技術投入豐富的資源及技術研發能力，也嗅覺出日、美汽車大廠企圖擺脫對中國稀土依賴的決心[11]。

(一) 力甩永磁，一勞永逸

　　目前電動車使用磁鐵的馬達，內部都有旋轉的接觸裝置，將電力傳輸到轉子的銅線圈。德國汽車零組件公司馬勒（Mahle）日前發表新的馬達，它是一種無磁電動馬達，因為沒有磁鐵，因此完全不需要使用稀土金屬，讓電動車供應鏈更符合環

日 2018 年 12 月 7 日。

[11] 芮嘉瑋，電動車用馬達之無稀土永磁技術專利分析，專利師季刊 47 期，2021 年 10 月，頁 12-36。

境永續[12]。Mahle 不使用磁鐵，而是在馬達轉子中使用供電線圈，利用電感技術將動力傳遞給旋轉中的轉子，因此無磁馬達不需要接觸裝置，消除了應力點，避免機械磨損，讓馬達效率更高、更耐用，成本更低且更環保[13]。

(二) 觀點：開發不含稀土的馬達就能減少關鍵原料的依賴

全球關鍵礦物供應鏈握在中國手上成為隱憂，新冠肺炎及晶片缺貨雪上加霜帶來供應鏈危機，國際間俄烏大戰再度重創供應鏈，促使各大車廠開始思考供應鏈布局，而使用不含稀土的馬達就能減少關鍵原料的依賴。為了提供環保與供應鏈問題的新解方，驅使原本嚴重依賴中國稀土的汽車大廠開始在無稀土永磁電機技術方面有了新的突破，特斯拉（Tesla）就在 2023 年 3 月 1 日宣布將全面改用無稀土永磁馬達。[14] 稀土資源豐富的中國，還能有多久的優勢，國際間這場稀土戰爭誰輸誰贏有待時間上的觀察與驗證。

9.3 政府設立稀土原料庫存機制

日本於 2006 年委託新能源產業技術綜合開發機構（New Energy and Industrial Technology Development Organization，簡稱 NEDO）規劃篩選重要關鍵的稀有金屬，並提出「國家能源資源戰略規劃」，對經濟及供應鏈影響甚鉅的礦物種類進行評估，展開原料儲存機制，採取國家 70%、民間 30% 的儲備制度，並訂立儲備場所、儲備目標等制度，目標係針對選定的礦種儲備 60 天的標準需求量[15]。臺灣或可參考國情相似的日本，對稀有金屬資源採取政府及私人企業共同運作庫存的機制，進行包括稀土在內之重要資源的戰略儲備，並建議未來可由龍頭企業領頭組成聯盟，運營屬於臺灣的庫存機制。

另，一份出自德國政府委託「聯邦安全政策學院」（Bundesakademie fuer Sicherheitspolitik，簡稱 BAKS）撰擬之研究報告，除了近期因俄烏大戰，引發德國驚覺對於俄羅斯能源的依賴程度過高，導致通貨膨脹動盪與社會不安定，其實德國

---

[12] Bob Yirka, Mahle developing magnet-free electric motor that does not require rare earth elements, 2021 May 18, https://techxplore.com/news/2021-05-mahle-magnet-free-electric-motor-require.html

[13] Mahle develops highly efficient magnet-free electric motor, https://www.mahle.com/en/news-and-press/press-releases/mahle-develops-highly-efficient-magnet-free-electric-motor--82368

[14] Jameson Dow, 2023 March 1, Tesla is going (back) to EV motors with no rare earth elements, https://electrek.co/2023/03/01/tesla-is-going-back-to-ev-motors-with-no-rare-earth-elements/

[15] 沈佩玲、林姿君、張啓達，日本資源確保戰略的推動策略，綠基會通訊 35 期，2014 年 2 月，頁 9-11。

更應預防對於中國稀土原料供應的過度依賴恐有過之而無不及。德國所有進口稀土原料，有高達 93.5% 來自中國，依賴過深的程度甚至已構成國安疑慮。該研究報告作者 Jakob Kullik 建議政府及產業宜未雨綢繆及時導正，同時也提出相應之國家安全戰略，包括應將稀土原料安全設為聯邦政府跨部會議題，提升聯邦經濟部對於稀土原料政策主導之角色，重新檢討「供應鏈法」，必要時將部分其他供應調整列為次要，確保稀土原料優先次序，並設立稀土原料國家安全存量機制。

　　國內稀土以進口為主，超過 90% 來自於中國，原因是具價格優勢。隨著低碳政策之轉型，以稀土應用為主之綠能科技，諸如風力發電與電動車等各式高效馬達與傳動元件商機持續放大，預估未來進口需求將持續攀升。目前永磁用稀土高達 95% 由中國壟斷，若因地緣政治或國際政經波動造成供應不順或價格不穩，將直接影響臺灣數百億之產值。稀土在工業和國防軍事上都是不可或缺的原材料，政府若視它為戰略物資，建議可成立基金儲備稀土材料，再以穩定之價格售給業界，降低中國隨時切斷稀土料源供應之風險。

　　國家戰備存量是為了國家安全，企業存量是為了商業營運，業者較佳也應自行儲備約 12～18 個月之稀土庫存，以備不時之需，為此，建議政府可協助民間給予財務上的低利融資。

9.4　稀土回收再利用技術

從報廢產品回收稀土元素

　　電子和電氣設備（electrical and electronic equipment, EEE）往往因設備使用壽命有限或者被新產品技術取代而遭丟棄導致浪費而需要對此建立自負管理責任的協定（protocols for responsible management），為制訂所有廢棄電子電機設備收集、回收、再生的目標而在 2003 年通過一項環保指令，稱之廢棄電子電機設備指令（Waste Electrical and Electronic Equipment Directive，縮寫 WEEE），要求相關業者必須考慮到產品廢棄時所造成的環境汙染問題並負起回收的責任[16]。

　　在這許多報廢的電子電氣產品中包含大量有價值的材料，例如電子電機器件中之磁鐵含有稀土金屬，如何從報廢的產品中回收稀土金屬元素成為全球稀土產業矚目的焦點。目前已有方法來從礦石以及 WEEE 中回收稀土，幾項研究揭露了使用火法冶金（pyrometallurgical）和溼法冶金（hydrometallurgy）從破碎的磁鐵中回收

---

[16]　Isildar, A., Rene, E. R., van Hullebusch, E. D., Lens, P. N. L., 2018. Electronic waste as a secondary source of critical metals: Management and recovery technologies. Resour.Conserv. Recycl. 135, 296-312.

釹（Neodymium）的方法，但由於礦石和 WEEE 的組成包括許多具有潛在高汙染性的物質，想要從中萃取稀土往往涉及使用有毒性的酸而導致放射性廢料的累積。相較之下，溼法冶金能夠使用對環境影響較小的有機試劑，更適合用於稀土元素（例如釹）的開採，從而被廣泛用於 WEEE 之回收稀土金屬及其化合物的技術。

　　為了維持稀土供應，選擇從報廢產品或廢料中回收及再利用稀土元素也是一個解決方案，因為它可以幫助減少要使用的主要稀土礦物的總量，只不過稀土元素的回收率仍然非常低，不到 1%。稀土的回收技術雖對於整個環保和稀土短缺供應問題的解決有限，但以目前來說，繼續努力尋找對環境影響低並且能夠有效地回收再利用這些稀土元素，仍然是減輕稀土短缺潛在風險的有效方法。

　　根據聯合國 2020 年全球電子廢棄物監測報告[17]，2019 年全球產生了創紀錄的 5,360 萬噸電子廢棄物，比過去 5 年增長了 21%。該報告估計，到 2030 年，全球電子垃圾將比 16 年前翻 1 倍。該報告還發現，2019 年只有 17.4% 的電子垃圾被回收，這意味著黃金、白銀、銅和鉑等有價值和可回收的材料被丟棄，保守估計價值達 570 億美元，這對關鍵材料回收技術開發的急迫性存有警示的意味。稀土元素是清潔能源和高科技製造中最常被使用的關鍵材料之一，其獨特且多樣的特性使其在消費性產品中的應用比任何其他元素都多。但稀土礦的開採、加工既昂貴又費力，而且對環境造成很大的負擔；若能開發高回收率且兼顧環保效益的稀土回收技術，對供應鏈的緩解會是一大福音。

稀土金屬環保回收，紓解供應鏈壓力 [18]

　　從資源世紀交替的角度來看，19 世紀是煤炭世紀，20 世紀是石油世紀，21 世紀則是稀有金屬世紀。引用聖經中箴言 17 章 3 節：「鼎為煉銀，爐為煉金……」。稀有金屬的提取冶煉固然重要，但若能將其回收再利用，豈不更加呼應國際間所倡議的循環經濟的理念。為了因應氣候變遷、全球暖化的現象，世界各國紛紛倡議「淨零排放」，牽動電動車、潔淨能源等綠能產業更加崛起創造新能源時代下的新商機，其中有工業維生素之稱的稀土元素需求成長，但其開採與傳統回收技術同樣也造成環境上的負擔。產業界正積極尋找新的稀土回收技藝，以降低汙染並提升對環境友善的程度。

17　Rosie McDonald, 4 key takeaways from the new Global E-waste Monitor 2020, July 2, 2020, https://news.itu.int/4-key-takeaways-from-the-new-global-e-waste-monitor-2020/

18　芮嘉瑋，稀土金屬環保回收 紓解供應鏈壓力，CTIMES 第 365 期，2022 年 4 月號，頁 21-25。

(一) 含有稀土元素的消費後產品供應鏈

　　稀土元素在化學週期表中包括一組 15 種鑭系元素連同鈧和釔共 17 種元素。稀土元素在綠色能源和高技術產業的發展中發揮越來越重要的作用。例如，對稀土元素的需求已經隨著電機用永久磁體、混合動力電動汽車的充電電池、石油煉製的催化劑、平板顯示器的螢光粉以及用於風力渦輪機的發電機等使用的增加而增加。圖 2 顯示目前含有稀土元素的消費後產品供應鏈圖，混合動力電動汽車中的永久性 NdFeB 磁體含有鈸（Nd）、鏑（Dy）、錯（Pr），螢光燈、LEDs、LCD 背光源等陰極射線管中的螢光粉含有銪（Eu）、鋱（Tb）、釔（Y），液晶觸控玻璃基板含有鈰（Ce），充電電池和混合動力電動汽車電池中的鎳氫電池[19] 則含有鑭（La）、鈰（Ce）、鈸（Nd）、錯（Pr）。然而，由於現有的回收方法效率低，這些稀土元素中只有不到 1% 被回收，幾乎完全仰賴開採來供應，這對生態的保護與產業的永續是一大威脅。

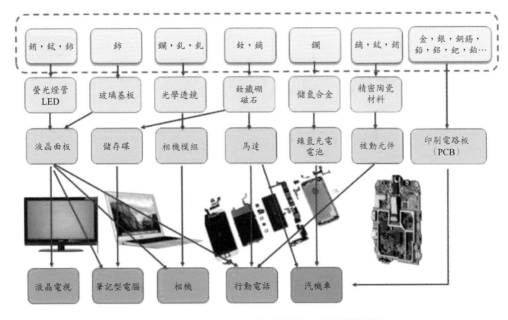

圖 2　含有稀土元素的消費後產品供應鏈圖

圖片來源：工研院 IEK[20]

19　鎳氫電池（Nickel-metal Hydride Battery）縮寫為 NiMH，分為兩大類。最常見的是 AB5 一類，A 是諸如鑭（La）、鈰（Ce）、錯（Pr）、鈸（Nd）的稀土元素混合物；B 則是鎳（Ni）、鈷（Co）、錳（Mn）或者還有鋁（Al）。另一類為高容量電池的陰極板材質，主要由 AB2 構成，A 是鈦（Ti）或者釩（V），B 則是鋯（Zr）或鎳（Ni），再加上一些鉻（Cr）、鈷（Co）、鐵（Fe）和 / 或錳（Mn）。

20　https://www.moea.gov.tw/MNS/doit/industrytech/IndustryTech.aspx?menu_id=13545&it_id=82

(二) 既有稀土回收方法的問題

目前用於稀土元素的回收方法包括溼法冶金、火法冶金、氣相萃取和溶劑萃取。其中，溼法冶金是用於永久磁體最常使用的回收方法，例如可將永久磁體溶解在諸如硫酸、鹽酸、磷酸和硝酸等強酸之中，並且稀土元素可選擇性地作為複鹽硫酸鹽、草酸鹽和氟化物沉澱。然而，溼法冶金過程的主要問題是化學品的使用率高，且非稀土元素的共同萃取造成的選擇性低以及產生大量的廢物。稀土元素也可通過火法冶金過程來回收，但過程需要對回收的稀土元素混合物進行進一步分離以及高溫熔爐的高額投資成本。氣相萃取涉及基於揮發性差異分離稀土元素，包括用在 N_2 流中的 Cl_2 和 CO 氯化和加碳氯化（carbochlorination），會產生高度腐蝕性的氯化鋁，伴隨形成氯化氫氣體。溶劑萃取是通過利用溶質在兩種不混溶液體中的不同溶解度來回收稀土元素的另一種方法。然而，在常規的溶劑萃取過程中，分離受到物質平衡的限制，需要接觸時間足以使一相分散於另一個不混溶相中。因此，需要一種兼顧環保及成本效益且能在最小程度或不需要純化和後處理的情況下進行高純度回收稀土元素的方法。

(三) 膜輔助溶劑萃取專利技術

為此，美國能源部所屬的橡樹嶺國家實驗室（Oak Ridge National Laboratory，簡稱 ORNL）於 2015 年 5 月 29 日申請一種用於稀土元素回收的膜輔助溶劑萃取專利（美國專利號 US9,968,887B2[21]），專利申請權人為 UT-Battelle, LLC[22]。該專利涉及一種使用滲透性的中空纖維進行膜輔助溶劑萃取（membrane assisted solvent extraction）的系統和方法。該滲透性的中空纖維的孔內具有一固定化的有機相（an immobilized organic phase），通常在其一側與酸性含水進料接觸，在其另一側與反萃取溶液（strip solution）接觸。這種系統和方法通常包括稀土元素的同時萃取和反萃取作為連續回收過程，該連續回收過程非常適用於自消費後產品和其他報廢產品（例如商業廢永磁體）回收稀土元素。

該專利揭露的膜輔助溶劑萃取的方法流程圖，如圖 3 所示，包括以下步驟：

1.提供包含多根滲透性中空纖維的纖維束組件（步驟 10），該些纖維束組件包括在相對管板之間延伸的多根中空或管狀纖維。

---

[21] Ramesh R. Bhave, Daejin Kim & Eric S. Peterson, Membrane assisted solvent extraction for rare earth element recovery, UT-Battelle, LLC, patent issued on 2018 May 15.

[22] UT-Battelle, LLC 成立於 2000 年，是一家負責執行美國能源部（U.S. Department of Energy）研究任務的法人實體，其唯一目的是管理和運營美國能源部所屬的橡樹嶺國家實驗室（Oak Ridge National Laboratory，簡稱 ORNL）。因此，該發明專利是在美國能源部授予的合約號 DE-AC05-00OR22725 的政府支持下完成的。美國政府對該發明專利享有一定的權利。

2.以一固定化有機相（an immobilized organic phase）潤溼多根滲透性中空纖維（步驟 12），該固定化有機相可包含離子液體萃取劑和有機溶劑。萃取劑可為中性萃取劑，例如四辛基二甘醇醯胺（"TODGA"）或三烷基氧化膦（"Cyanex 923"）。

3.沿著多根滲透性中空纖維的內腔側或外殼側施加連續流量的酸性含水進料溶液，該酸性含水進料溶液包含來自消費後產品、報廢產品和其他稀土元素來源之溶解的稀土元素（步驟 14）。

4.沿著多根滲透性中空纖維的內腔側或外殼側中的另一側施加連續流量的酸性反萃取溶液（步驟 16），通常包括提供一稀釋反萃取溶液（dilute strip solution）以反萃取已自進料介面擴散到反萃取介面的稀土元素錯合物。該稀釋反萃取溶液包含例如以比進料溶液更低的莫耳濃度存在的 HNO_3、HCl 或 H_2SO_4，以使在進料溶液與反萃取溶液之間形成濃度梯度，並因此形成化學勢梯度（chemical potential gradient）；以及

5.將反萃取溶液過濾、乾燥和／或退火以回收高純度的稀土元素（步驟 18），該步驟可透過一膜輔助溶劑萃取模組（a membrane assisted solvent extraction module）自反萃取溶液回收稀土元素再利用。例如，稀土元素可用草酸或氫氧化銨沉澱，隨後過濾、在室溫下乾燥並退火。退火條件為 750℃下兩小時。

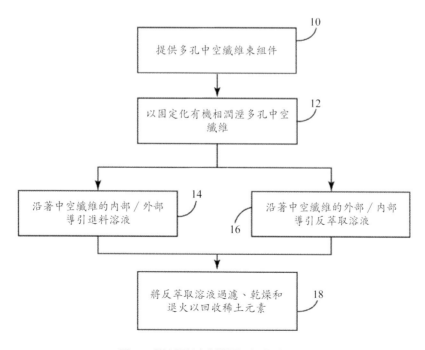

圖 3　膜輔助溶劑萃取方法流程圖

圖片來源：美國專利號 US9,968,887B2

　　圖 3 中步驟 14 施加進料溶液和步驟 16 施加反萃取溶液的步驟通常同時進行，以提供稀土元素的同時萃取和反萃取。為了進一步說明圖 2 中步驟 14 和 16 之進料溶液和反萃取溶液的循環，以圖 4 圖解說明用於膜輔助溶劑萃取的系統 40。系統 40 包括進料儲液器 42、反萃取儲液器 44、膜輔助溶劑萃取模組 20、進料管線 46 和反萃取管線 48。進料管線 46 包括泵 50 以確保進料管線壓力大於反萃取管線壓力。反萃取管線 48 包括泵 52 以確保反萃取溶液通過模組 20 的連續流動。在一些應用中，依所支撐的膜性質而定，進料可被加壓至高達 30psig，而反萃取可保持在大氣壓力下。進料管線 46 和反萃取管線 48 兩者均在圖 4 中顯示為閉合的迴路，使得進料溶液和反萃取溶液處於連續的再循環。因此，該發明專利的系統和方法可促進使用中空纖維孔內的固定化有機相自含水進料溶液同時萃取和反萃取稀土元素。根據該方法進行的實施例顯示回收高濃度的稀土氧化物，包括例如釹（Nd）、鐠（Pr）和鏑（Dy）的氧化物。該系統和方法克服了由平衡效應引起的去除限制，並且可以高純度形式回收稀土元素，避免進一步純化和處理的需要。與沉澱和溶劑萃取等常規技術相比較時，膜輔助溶劑萃取的應用還可實現更環保和更具成本效益的過程。

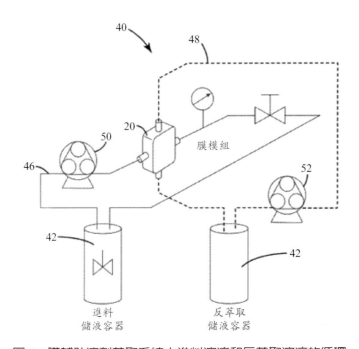

圖 4　膜輔助溶劑萃取系統中進料溶液和反萃取溶液的循環

圖片來源：美國專利號 US9,968,887B2

(四) 觀點：開發稀土回收新技術，紓解全球供應鏈壓力

　　稀土元素是許多現代技術的關鍵組成，在硬碟、風力渦輪機以及混合動力電動汽車的電池等各種尖端產業應用中無處不在，消耗量一直逐漸增加。出口大國中國又限制了出口，危及可用性和價格穩定。開發稀土回收新技術，是紓解全球供應鏈壓力勢在必行的解決之道。為響應循環經濟並兼顧環保成本效益，目前國際間正在開發回收稀土的新技術，除了膜輔助溶劑萃取技術之外，澳大利亞迪肯大學（Deakin University）在西班牙 Tecnalia 研究與創新中心科學家的加持之下，成功以液態鹽基系統之離子液體為電解質，利用低電流和電沉積（electrodeposition）技術將稀土金屬從報廢產品中分離回收[23]，並於 2022 年 2 月初申請專利[24]。國內企業優勝奈米（UWin Nanotech. Co. Ltd.）也不遑多讓，目前也正著手研發稀土的回收解決方案，開發一種具環保無毒特性的稀土金屬剝除藥劑，能夠快速的將稀土金屬從廢料中剝離出來，有助提升國內資源循環競爭優勢，對全球稀土金屬供應鏈壓力的紓解亦有助益。

卡內基梅隆大學稀土回收技術獲科技巨臂青睞 [25]

　　2021 年 7 月蘋果公司（Apple Inc.，簡稱 Apple）與擁有稀土元素回收專利的卡內基梅隆大學（Carnegie Mellon University，簡稱 CMU）合作，開發各種稀土回收解決方案。

(一) CMU 與 Apple 合作開發回收機器人

　　CMU 的仿生機器人實驗室（Biorobotics Lab）研究團隊正與蘋果公司合作，設計機器學習模型，開發 Daisy 和 Dave 等回收機器人，使其能夠自學如何拆卸舊的電子裝置，讓回收機制能夠有效地對電子廢棄物進行分類。這些機器人可以用雷射光掃描手機以創建 3D 模型，模型通常需要大量數據（如圖像），才能識別物體並將其分解。回收機器人 Daisy 拆解 iPhone 設備，以便回收商可以回收更多內部材料；最新的回收機器人 Dave 從 iPhone 上拆解觸覺引擎（Taptic Engine），用以回收稀土磁鐵、鎢和鋼等關鍵材料。CMU 實驗室主任 Matt Travers 說：「垃圾實際上有很多價值，但需要有好的回收機制。」從這則新聞[26]發現，科技巨臂借重

---

[23]　Deakin scientists create new process for recycling rare earth metals | Deakin

[24]　AU2022900209A0, Rare Earth Metal Recovery, Deakin University, patent filed on 2022 Feb. 3.

[25]　芮嘉瑋，卡內基梅隆大學稀土回收技術獲科技巨臂青睞，北美智權報第 306 期，2022 年 04 月 13 日。

[26]　Aaron Aupperlee, "CMU AI, Robotics Team Up With Apple To Improve Device Recycling", July 21, 2021,

CMU 產學雙棲的仿生機器人專家合作開發稀土回收解決方案，同時因為有大量的數據引入，使得人工智慧和機器學習在回收的領域發揮到極致。不少教授在 CMU 任教多年後，帶團隊出去成立了新創公司，將其學術研發成果轉化為落地產品及應用。

(二) CMU 回收稀土元素專利布局

CMU 於 2016 年申請了二件涉及稀土回收技術的美國專利（表 1），該兩件專利申請於 2015 年提交暫時申請案（provisional application）主張其優先權。此外，這些關於回收稀土元素的發明，是在美國能源部（the Department of Energy）的支持下完成的，因此美國政府對該等專利享有一定的權利。

表 1　卡內基梅隆大學 CMU 稀土回收美國專利

專利號	專利名稱	申請日	最早優先權日
US20170101698A1	Functionalized Adsorbents for the Recovery of Rare Earth Elements from Aqueous Media	Oct. 13, 2016	Oct. 13, 2015
US10422023B2	Recovery of rare earth elements by liquid-liquid extraction from fresh water to hypersaline solutions	Apr. 25, 2016	Apr. 23, 2015

CMU 有關稀土回收專利簡介：

1. 液─液萃取技術回收稀土

美國專利 US10422023B2 係涉及使用液─液萃取（liquid-liquid extraction, LLE）技術將稀土元素從淡水回收到高鹽溶液（hypersaline solutions）中，進而從高鹽溶液中經濟地回收稀土元素（rare earth element, REE）的方法[27]。這裡指的高鹽溶液係指比海水更濃縮的溶液。該專利涉及之專利分類號包括 C22B 3/26（透過使用有機化合物之液─液萃取），B01D 11/04（以液態溶液為溶劑萃取的分離技術）以及 C22B 59/00（稀土金屬之提取）等等。

該專利涉及之稀土元素回收方法包括：使用鄰苯二甲酸二（2-乙基己基）酯

---

https://www.cmu.edu/news/stories/archives/2021/july/device-recycling.html

[27]　US10422023B2, Recovery of rare earth elements by liquid-liquid extraction from fresh water to hypersaline solutions, Carnegie Mellon University, patent issued on 2019 September 24.

（bis (2-ethylhexyl) phosphate，縮寫 HDEHP）作為庚烷稀釋劑中的萃取劑進行正向萃取，以將稀土元素從鹽水溶液中配位到有機相中；調整正向萃取過程中的操作條件使 log Kd>1.6，其中 Kd 為有機相與鹽水溶液的分配係數；稀土元素被萃取劑錯合；以及對有機相進行逆向萃取而將該錯合的稀土元素分配到水相中。

　　圖 5 的流程圖是該專利示意性的例示一個用於從少量高鹽溶液中分離和濃縮稀土元素的液－液萃取方法，過程包括樣品製備，然後是 3 個萃取循環，其中稀土元素與 HDEHP 配位基錯合進入有機相，留下不含稀土元素的廢鹽水。最後經過四輪強酸洗脫回收稀土元素。此外，回收的稀土元素可以進行電感耦合等離子體質譜法（inductively coupled plasma mass spectrometry，簡稱 ICP-MS）分析測試，使用數學模型改變操作條件以提高分離效率，可提高 20～40% 的稀土回收率（實現鑭系元素高於 98% 的高回收率），同時使用少量樣品和試劑。

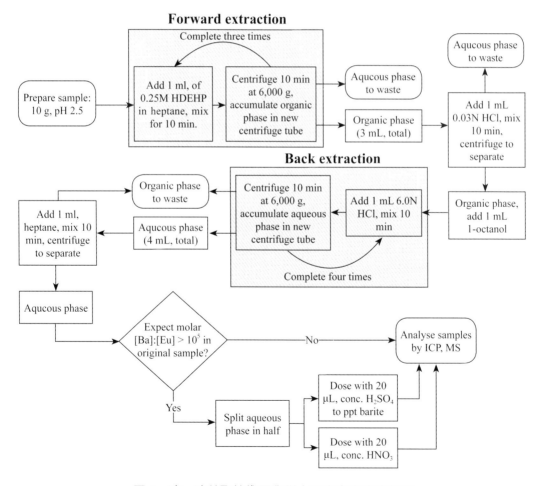

圖 5　液－液萃取技術回收稀土元素之方法流程圖

圖片來源：美國專利 US10422023B2

2. 從水性介質中回收稀土元素

稀土元素是現代能源技術和電子產品的關鍵組成，係由一組化學性質相似的鑭系金屬再加上釔和鈧所構成。全球稀土元素的生產以開採、提取等加工、精鍊為主。稀土元素在地殼中雖含量豐富，但也高度分散，使得它們用於工業用途的提取和濃縮成本高且困難。然而，諸如海水、鹽水、地下水等不同類型的水都含有一定程度的稀土元素，但傳統的採礦技術無法回收這些稀土元素，因此開發可以從水性介質中濃縮和提取稀土元素的方法是有利的。從不同基質中分離和回收稀土元素的替代方法，已成為稀土供應短缺窘境下迫切的需要，從而天然水、海水、鹽水以及從傳統石油／天然氣和頁岩氣開採或熱能作業產生的廢水等水性介質（aqueous media）為回收稀土元素提供了一個新的機會。

因為現有的稀土元素分離技術沒有足夠的選擇性，且化學步驟繁瑣提高成本，使得從復雜的水介質中回收稀土元素具有挑戰性。CMU 為此提出一種從水性介質中回收稀土元素的方法專利[28]。該專利涉及之專利分類號包括 C22B 3/24（透過固態物質之吸附提取金屬），B01J 20/3057（使用壓印材料之固態吸附劑組合物），以及 B01D 15/08（使用固體吸附劑選擇性地吸附來處理液體之分離）等。

該專利涉及之稀土元素回收方法如圖 6 所示，包括：提供一吸附劑（100），其中所述吸附劑包括一襯底（101）以及附著於該襯底表面的材料（110），其中所述材料選擇性地與至少一種稀土元素結合；然後將該吸附劑（100）暴露於水性介質，其中稀土元素與襯底表面上的材料結合；再用酸沖洗該吸附劑；最後可從酸中回收稀土元素。在其實施例中，襯底可以是含有羧酸或胺基之矽膠，以及襯底表面上的材料可以是離子壓印聚合物（ion imprinted polymers, IIP），且該離子壓印聚合物可從一系列水性基質中選擇性的回收稀土元素（如鑭系元素）。該專利之申請專利範圍亦主張一種於從水溶液中提取稀土元素的功能性吸附劑。該吸附劑包括具有稀土元素吸附材料的固態襯底，且該吸附材料設置在襯底的表面上。

該專利揭露了一種用於選擇性螯合稀土元素之固相襯底的合成及其兩步驟回收稀土元素的方法。兩步驟包括：稀土元素在吸附劑上的預濃縮以及酸洗脫進行回收。也就是，將稀土元素預濃縮在固相襯底的表面上；接著透過酸洗脫回收稀土元素，並將稀土元素與襯底分離。以此方法回收稀土，相對於其他如液—液分離或共沉澱等分離技術，簡化了工藝步驟，消耗有限的試劑，具有降低成本的理想優勢。

---

[28] US20170101698A1, Functionalized Adsorbents for the Recovery of Rare Earth Elements from Aqueous Media, Carnegie Mellon University, Patent published on 2017 April 13.

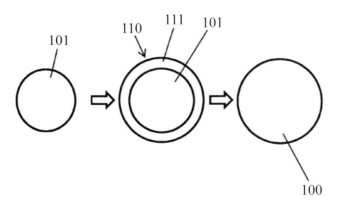

圖 6　將離子壓印聚合物塗覆襯底表面上形成功能性吸附劑的示意圖

圖片來源：美國專利 US20170101698A1

(三) 觀點：產學合作開發回收技術　加速緩解供應鏈壓力

　　F35是美國最尖端的戰機，根據彭博社引述美國國會的報告[29]，指出一架美F35戰機裡面的控制電腦、飛彈的射控和導引系統等特別需要稀土元素才可運作。然而，稀土元素的取得受限於原料供應國。爲確保高科技產品和武器裝備生產所必須的稀土元素不受制於人，實現境內所需的稀土金屬完全由美國本土供給，美國川普政府呼籲資源永續回收再利用的理念，能夠落實在科技公司所主張的 ESG 永續責任裡，包括從廢舊的電子產品中開發提取稀土金屬的技術。爲響應循環經濟並兼顧環保成本效益，開發稀土回收新技術，從現有電子產品廢棄物中進行回收，可大幅降低從國外進口依賴的程度，紓解全球稀土供應鏈壓力。構築產學攜手合作，開發回收創新技術，加速落實循環再生經濟及公司 ESG 永續企業責任，不失爲一種可行的解決之道。

企業如何實踐 ESG？以蘋果創新開發機器人回收稀土爲例[30]

　　二次大戰後美國曾經主宰全球石油秩序並控制中東油田，但世紀交替，新能源時代來臨，「稀有金屬」一躍成爲「新石油」。全世界對稀有金屬了解的人可能不多，且應該都是相關產業的人；但活在這世上的人，只要不是與世隔絕，相信都

29　U.S. Fighter Jets and Missiles Are in China's Rare-Earth Firing Line, Bloomberg, https://www.bloomberg.com/news/articles/2019-05-29/u-s-fighter-jets-and-missiles-in-china-s-rare-earth-firing-line

30　芮嘉瑋，蘋果宣示2030實現碳中和 創新開發機器人回收稀土，中技社通訊142期，2022年6月，頁 25-27。

用過稀有金屬。稀有金屬顧名思義是量很少，故稀有珍貴。另一涵義也可能是很難取得，但在各產業卻有舉足輕重的地位，而被稱呼為關鍵（原）材料或者稀貴金屬等。稀有金屬掌握在少數國家，尤其是中國，難以取得的特性，會受到國際政治局勢的影響而將其視為戰略物資。中國稀有金屬資源豐富，往往限制其出口管制作為國際經貿往來博弈的利器，稀土便是一例。

(一) 科技巨擘力推回收技術

美國因發展高科技產業而成為主要的稀土消費國，在稀土供應鏈的投資不足導致多種原材料只能從中國等國家進口；從上游開採、煉製到中游的加工，都受中國牢牢掌控。長期以來，美國為擺脫稀土貿易往來被牽制的局面，除了開發中國境外的稀土資源，在替代及回收技術領域也積極尋求研發創新，用以開發稀土替代材料或者增加原材料利用率與加大回收利用率，以減少對中國稀土資源的依賴。美國總統拜登上任後，除了積極本土開採、擴大投資中國以外的稀土開採和加工公司，在稀土環保回收技藝方面更是寄望科技巨頭力推循環經濟、貢獻社會責任。為此，蘋果公司已開始要求，供應鏈使用的稀土金屬，要逐步從電子廢棄產品回收而來。電動車大廠特斯拉，也從回收技術著手布局最上游的金屬原料來源。

稀土金屬的回收再利用，從廢棄產品中進行再生，將之取出再次成為原料的循環經濟概念，已受到美國科技業的高度重視。美國近期在稀土回收方面的進展，尤以蘋果公司的回收創新技術最為引人關注。

(二) 蘋果回收機器人屢創佳績呼應碳中和

蘋果公司「循環供應鏈」（circular supply chain）的概念最早出現在 2017 年所發表的《環境責任報告》[31]。面對氣候變遷的挑戰刻不容緩，2019 年蘋果承諾到 2030 年對整體公司業務、製造供應鏈和產品生命週期實現碳中和目標。換言之，蘋果出售的每台裝置諸如 iPhone、iPad、Mac 和 Apple Watch 裝置都將達到「淨零碳排」。舉例來說，在稀土回收技術方面，傳統回收流程都採取非標準化的人工拆解方式，會有造成汙染、回爐鎔解後金屬純度不高、無法再生產等缺點。然而，蘋果在回收流程設計上，係開發一系列回收機器人來拆解 iPhone 手機，並對稀土元素進行回收和分類：2016 年的 Liam[32] 和 2018 年升級版 Daisy[33] 便是蘋果回收機器人的經典代

---

[31] Apple Environmental Responsibility Report, 2017 Progress Report. https://images.apple.com/environment/pdf/Apple_Environmental_Responsibility_Report_2017.pdf

[32] 蘋果機器人 Liam 曝光，拆解 iPhone 有一套 | TechNews 科技新報。https://technews.tw/2016/03/23/apple-robot-liam/

[33] Daisy 能自動辨識 15 種 iPhone 機型，平均每小時拆解最多 200 支 iPhone，還能處理傳統回收機

表作。2019 年蘋果發布的 iPhone 11 和 iPhone 11 Pro 系列所搭載的觸覺引擎（taptic engine）元件，係使用從舊 iPhone 設備中回收的稀土材料且 100% 完全採用回收的稀土元素製造，這使得蘋果在維持穩定的稀土供應鏈上更具彈性，且富含經濟效益。

　　根據美國商業雜誌 *Fast Company* 的報導[34]，蘋果的 iPhone 回收機器人位於蘋果在德州奧斯汀的材料回收實驗室（materials recovery lab）。一個 Daisy 機器人就有一個房間那麼大，共有 5 個手臂，每小時可以拆解 200 部 iPhone，一年間拆解了數十萬部 iPhone，從而可以獲取內部有價值的材料進行回收。未來的產品將由可回收或可再生材料來製成，換言之，就是「從昨天 iPhone 中的材料可以回收再利用以製造明天的供應鏈的方式」，將成為蘋果朝向循環經濟願景而努力的目標。再者，在蘋果的氣候路線圖中，將透過一系列創新行動降低碳排放，而在產品回收創新方面，蘋果現在的回收機器人已經進化到「Dave」，可拆卸 iPhone 的觸覺引擎，據 2020 年 7 月 21 日蘋果的新聞稿指出，「Dave」回收稀土元素和鎢等關鍵材料的技術更佳，還可以回收鋼材[35]。

(三) 蘋果公司用於 iPhone 之稀土回收再利用專利技術

　　蘋果公司於 2020 年 12 月取得了有關可磁化材料的固態沉積專利（美國專利號 US10861629B1[36]），其涉及用於 iPhone 之稀土回收再利用技術。如圖 7 所示，該專利主張一種例如 iPhone 手機之電子設備（1508），包括具有形成預定形狀的腔（1530、1532、1534）的外殼：由可磁化顆粒形成之可磁化磁性元件（1510、1512）承載在空腔內，使得可磁化磁性元件填充空腔並呈現出空腔的尺寸和形狀，其中磁性或可磁化材料的類型包括諸如釤鈷或釹磁鐵等稀土磁鐵。該發明專利提供了有效利用稀土磁性材料的好處，包括從材料層加工出來的多餘材料可以回收並用於後續的沉積工藝。此外，結構的期望形狀、設計和構造可以根據需求製造並且不受預定尺寸或預磁化磁體形狀的限制。

構無法回收的材料，如 iPhone 震動馬達的鎢。

[34] Adele Peters, Apple's iPhone recycling robot can take apart 200 iPhones an hour—can it dismantle the company's footprint? Fast Company, 2019 October 14, https://www.fastcompany.com/90413038/apples-iphone-recycling-robot-can-take-apart-200-iphones-an-hour-can-it-dismantle-the-companys-footprint

[35] Apple commits to be 100 percent carbon neutral for its supply chain and products by 2030, Apple's press release, 2020 July 21, https://www.apple.com/newsroom/2020/07/apple-commits-to-be-100-percent-carbon-neutral-for-its-supply-chain-and-products-by-2030/

[36] US10861629B1, Solid state deposition of magnetizable materials, APPLE INC., patent issued on 2020 December 8.

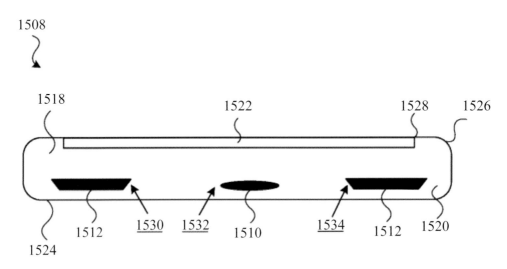

圖 7　具有嵌入式磁性材料／元件的電子設備側視圖

圖片來源：US10861629B1

　　不僅如此，2021 年 7 月蘋果進一步與擁有稀土元素回收專利[37]的卡內基梅隆大學合作開發各種稀土回收解決方案[38]，其中包括蘋果與卡內基梅隆大學的仿生機器人實驗室合作開發出了機器學習模型，使機器人能夠自學如何拆卸它們從未見過的設備，讓回收機制能夠有效地對電子廢棄物進行分類。

(四) 蘋果新款 iPhone 12 Pro Max 和 iPhone 13 Pro

　　蘋果於 2020 及 2021 年相繼推出的新款 iPhone 手機：iPhone 12 Pro Max[39] 和 iPhone 13 Pro[40]，都是透過回收機器人 Daisy 有效地將 iPhone 裝置拆解成不同的組件，並使用最新的拆卸機器人 Dave 邁出了下一步，將觸覺引擎（Tactile Engine）拆卸以回收稀土元素和鎢等材料。蘋果製造的這二款新 iPhone 裝置，在其所有磁鐵中使用了 100% 回收的稀土元素，占整個裝置中所有稀土元素總量的 98%，這是史無前例的。隨著新款 iPhone 的推出，蘋果已加倍關注地透過其製造和交付流程

---

[37]　US10422023B2, Recovery of rare earth elements by liquid-liquid extraction from fresh water to hypersaline solutions, Carnegie Mellon University, patent issued on 2019 September 24.

[38]　https://www.cmu.edu/news/stories/archives/2021/july/device-recycling.html

[39]　iPhone 12 Pro Max Product Environmental Report (apple.com). https://www.apple.com/environment/pdf/products/iphone/iPhone_12_Pro_Max_PER_Oct2020.pdf

[40]　iPhone 13 Pro Product Environmental Report (apple.com). https://www.apple.com/euro/environment/pdf/a/generic/products/iphone/iPhone_13_Pro_PER_Sept2021.pdf

減少碳排放。根據 iPhone 13 Pro 產品環境報告 [41]（Product Environmental Report），蘋果製造的 iPhone 13 生命週期的碳排放來自 84% 的生產、12% 的使用、3% 的運輸和不到 1% 的報廢處理。蘋果更致力於使用碳生命週期評估來確定降低產品溫室氣體排放的機會，前後二代 iPhone 對 128GB 存儲空間的碳足跡估值已從 78 公斤之二氧化碳排放量（CO2e）減少至 69 公斤。

(五) 觀點：稀土回收永續思維，實踐 ESG 企業責任

廢手機裡才是真正的礦山，同時要兼顧低碳排。循環經濟不只是環境保護議題，更是經濟發展議題。稀土金屬的循環再利用牽涉到永續環境及產業的生存與發展，設法從地球上已經存在的 iPhone 回收稀土材料、創造循環再生經濟，比起礦業公司使用開採、分離、冶煉過程造成環境成本將更具有意義。蘋果致力於改善生產、報廢處理和運輸流程以減少對環境的影響，透過使用可再生或可回收材料以及可再生能源製造節能產品，在減少對氣候變化的影響、保護重要資源和使用更安全材料等方面的進展，正顯示其實現 2030 碳中和目標的願景與雄心。循環經濟重責大任，不分地域或公司大小，科技巨臂更是標竿典範而肩負起低碳排、愛地球的使命。低碳回收稀土金屬技術成為新能源時代下的新商機。Apple 使用回收的稀土，創造循環再生經濟，更加顯示其在 ESG 企業的永續責任受到認可。

9.5　小結

潔淨能源技術（clean energy technologies）所需的關鍵礦物日益依賴，需要新的國際機制來確保礦物的及時供應和可持續的生產 [42]。此外，為促進礦產品供應鏈安全，需要政策支持和國際協調以確保嚴格的環境和社會法規的適用，例如實施回收關鍵原材料的明智政策、成立不受反壟斷法制約的稀土礦合作組織，或者透過與盟友之合作與配合來降低易受關鍵礦物供應擾亂的弱點。

Vander Hoogerstraete 等人於 2014 年曾指出有 3 種可能的方法來維持稀土供應 [43]：(1) 重新開放舊礦山，但這將需要大量時間；(2) 用較便宜的稀土或者無稀土永

---

[41] 同前註。

[42] Net Zero by 2050, A Roadmap for the Global Energy Sector, IEA Special Report, 2021, pp. 23-24, https://iea.blob.core.windows.net/assets/4719e321-6d3d-41a2-bd6b-461ad2f850a8/NetZeroby2050-ARoadmapfortheGlobalEnergySector.pdf

[43] Tom Vander Hoogerstraete, Bart Blanpain, Tom Van Gerven and Koen Binnemans, 2014, From NdFeB magnets towards the rare-earth oxides: a recycling process consuming only oxalic acid, RSC Adv., 4 (109), pp. 64099-64111, https://doi.org/10.1039/C4RA13787F. (last visited Jan. 23, 2021).

磁材料取代最關鍵的稀土：(3) 從生產廢料以及棄置的電氣和電子設備（報廢產品）中回收稀土。因此，在稀土價格上漲和出口配額限制政策下，開發使用少量稀土或者不用稀土的新型永磁電機是大勢所趨，甚至從報廢產品回收稀土，發展電子廢棄物提煉技術，都是可行的因應策略，以強化稀土元素回收成效。

　　除了中國之外，全球主要稀土礦藏還有越南、巴西、俄羅斯、印度、澳大利亞以及格陵蘭與美國等各大礦藏，以往過於倚賴單一國家進口稀土料源，運用國際合作不僅可分散風險，重新建立關鍵原材料的採購管道，對於新礦的產出、提純及精鍊等技術，亦可與上述各國建立不同的合作模式促進適合我國發展的產業技術能量，補足國內產業鏈缺口。此外，在關鍵資源儲備策略方面，建議可仿效日本及韓國等與臺灣地理條件及產經背景相似之國家，參考其關鍵礦產管理制度、關鍵礦產清單及關鍵礦產儲備策略，進而研訂我國之關鍵礦產清單以及研擬我國資源戰略儲備制度，如儲備目標及儲備項目等，以穩固我國產業未來可持續發展性。國內業者較佳也應自行儲備稀土庫存，產業界可由產業龍頭帶領其他企業以聯盟方式組成聯盟，以聯盟方式建立民間或企業儲備，運營屬於我國的庫存機制。

第十章　臺灣發展稀土產業的因應對策[1]

1　芮嘉瑋，稀土供應風險　台灣能做什麼？Digitimes 專欄，2023 年 2 月 16 日；以及摘要自中技社「稀土關鍵材料供應鏈危機下的衝擊與因應」議題的專家座談會，2022 年 8 月 11 日。

　　臺灣就稀土關鍵材料供應鏈危機下的衝擊與因應，提供以下國內發展稀土產業可行因應對策與建言：

第一，我國關鍵物料篩選原則及建議清單

　　全球主要國家對關鍵礦產的認定主要都依據以下三點：(1) 具有經濟和戰略重要性；(2) 具有較高的進口依賴度、較低的替代性與較高的供應風險；(3) 對工業生態系統或環境具有重要意義。這三點大致涵蓋了供應限制的脆弱性或易受供應限制影響（vulnerability to supply restriction）、供應鏈風險（supply risk）、環境影響（environmental implications）等三大量化指標來認定關鍵礦產。除此之外，建議應就產業需求量、價格、應用範圍、帶動之市場趨勢及影響之產值進行整體評估。尤其關鍵礦產於能源轉型及達成 2050 年淨零碳排扮演極為重要的角色，特別是在於潔淨能源技術發展過程中所需的關鍵原材料；稀土之外，鋰（Li）、鉬（Mo）、釩（V）、鈷（Co）、鎳（Ni）、鎢（W）等儲能所需之關鍵材料，建議也列入關鍵礦產清單。

第二，臺灣發展稀土產業的挑戰與建議

　　1.法令規範方面，建議環保署法規修訂，將過去一些有價的廢棄物，修改成有價物質或有價資源，以避免受法規限制而影響產業界進行稀土的回收；修訂廢棄物清理法，將含稀土特定物質之廢棄物，修改成適用資源回收再利用法。此外，諸如設置稀土回收獎勵補助措施政策或有利海外進口稀土等環保法令鬆綁等相關政策法令規範，亦有所幫助。

　　2.優惠措施方面，企業若投入關鍵材料技術研發或資金挹注，建議政府給予諸如優惠貸款利率等優惠措施；或者成立基金，專責使用於稀土材料開採、冶煉、回收等技術開發，以留住最有價值的關鍵礦產。

　　3.人培方面，稀土上游純化分離技術臺灣並非完全沒機會，礙於人才面臨年老凋零或轉業斷層危機，呼籲政府儘快整合、把握傳承機會，建議成立基金，專責於稀土材料開採、冶煉、回收與純化分離等技術開發及其人培方面的傳承訓練，或者納入計畫輔助國內稀土產業聯盟開展純化分離技術團隊。

　　4.環境保護也是關鍵，稀土產業若要從原礦開始執行，前端處理產生之廢酸、碳排需有特殊對應之技術以降低汙染。

　　5.稀土新興應用方面，重稀土價格高多用於醫療相關，發展稀土在醫療領域之新興應用，諸如應用高階醫療影像之高能物理檢測器，國內廠商已初具研發能量。

6.發展自主化技術之優選方面，鈰（Ce）為晶圓減薄及光學玻璃拋光等 CMP 製程之關鍵材料，用量高（7～8,000噸／年）且價格漲幅大，國內發展稀土自主化技術，可優先對鈰（Ce）著手，有助國內廠商自主開發拋光液，降低關鍵物料受限於國外的問題。在無法掌握境外料源前，此為建構稀土自主化技術能量一個很好的起點。

7.回收方面，稀土應用仍屬微量添加，從廢料回收稀土之規模並不符合經濟效應，即稀土回收的量不足臺灣動脈產業所需，導致回收成本太高。應建立動、靜脈產業聯盟合作，建構從動脈產業（製造與消費）到靜脈產業（資源回收再利用）的循環模式，動脈產業產品用完之回收系統由靜脈產業協助建立回收及精煉，並可將初步回收系統延伸至海外，在海外處理成可以送回我國之產業用料，再予精煉成動脈產業所需之稀土原料。

第三，在壟斷及斷貨危機下政府設立稀土原料庫存機制的看法

1.建議參考國情相似的日本，日本對於稀有金屬資源採取政府及私人企業共同運作庫存機制，建議未來我國可由龍頭企業領頭組成聯盟，運營屬於我國的庫存機制。

2.稀土在工業和國防軍事上都是不可或缺的，政府若視它為戰略物資，建議可成立基金，儲備稀土材料，再以穩定之價格售給業界，以降低中國隨時切斷稀土料源供應之風險。業者較佳也應自行儲備約12～18個月之稀土庫存，以備不時之需。

3.綠能催化下，未來稀土進口需求將持續攀升，因應壟斷及斷貨危機，亦可運用國際多元稀土料源取得與合作。

第四，強化稀土關鍵材料供應鏈風險管理的因應作為

對於國內有供應鏈風險之關鍵原材料，在壟斷及斷料危機下，可進一步考量穩定供應的因應作為。就稀土關鍵原材料而言，包括以下四點建議：

1.運用國際合作建立多元稀土料源之取得，主要是尋求國際合作開發中國以外之稀土供應鏈，目的在減少從中國進口稀土原料的倚賴，削弱中國稀土武器的威脅。

2.開發稀土元素減量技術，特別在重稀土元素減量使用技術上，可採用低階稀土或使用較便宜的稀土替代，例如利用輕稀土或非稀土擴散劑達到不含重稀土的目的，但其性能現在仍無法取代釹鐵硼強力永久磁鐵，不過已經可替代一些較低階的磁鐵，逐漸減少稀土的含量。

　　3.開發稀土替代材料，使用無稀土方案來降低永磁電機的成本，兼及電機效率不減爲技術上的目標，汽車大廠都正在研發無稀土永磁技術，即不使用稀土之永磁同步馬達，企圖擺脫對中國稀土依賴的決心。日本電裝以鐵氧體爲主，豐田開發 MnBi 基永磁體，其他尚有 MnAl 基永磁體和 MnGa 基永磁體。

　　4.設立原料庫存機制，參考日本，採取政府及私人企業共同運作庫存機制，進行資源戰略儲備，未來可由龍頭企業領頭組成聯盟，運營屬於我國的庫存機制。

　　5.稀土回收再利用技術，爲了維持稀土供應，選擇從報廢產品或廢料中回收及再利用稀土元素是減輕稀土短缺潛在風險的有效方法。開發高回收率且兼顧環保效益的稀土回收技術，對供應鏈的緩解會是一大福音，因爲廢手機裡才是眞正的礦山。由城市礦山出發，導入材料循環技術，開啓我國稀土關鍵材料產業發展的契機。

附錄　電動車用馬達之無稀土永磁技術專利分析

「得智慧，得聰明的，這人便爲有福。

因爲得智慧勝過得銀子，其利益強如精金，比珍珠寶貴；

你一切所喜愛的，都不足與比較。」

（箴言 3：13～15）

附錄：電動車用馬達之無稀土永磁技術專利分析 [1]

　　開發關鍵原材料可行的替代品也是減少依賴的選項之一。稀土的價格昂貴，其開採及提煉對環境汙染也很大，致使應用於電動車之永磁同步電機受到限制。因為稀土元素的開採會產生放射性環境的問題，如何減少對稀土開採之依賴性和無稀土永磁體技術的相關技藝已越來越重要。為了節約稀有金屬資源、減輕環境負擔，驅使全球科學家或學術研究者都在研究如何有效減少對稀土開採的依賴性，並把研究投入到無稀土元素的磁性材料中來代替昂貴的稀土金屬，以期在實際中得到應用。以下以電動車用馬達之無稀土永磁技術為例並進行專利分析，從而確定各類無稀土永磁體技術的優缺點及其材料組成和面臨的挑戰。

無稀土永磁體（rare earth-free permanent magnets）

　　基於環保意識、稀土資源有限性及其使用成本的大幅度提高，開發少稀土甚至無稀土類高性能永磁材料越來越成為世界各國磁性材料研究的重要方向之一。特別是在用於電動汽車驅動用的馬達，常因啟動、超車等加速性能而要求馬達能夠提供暫態的峰值轉矩，此時電動汽車用之永久磁鐵式旋轉電機，為了產生該峰值轉矩而將轉子的永久磁鐵採用磁能積較大的稀土類磁鐵，該稀土類磁鐵常常為了耐受高溫環境而添加了重稀土元素鏑（Dy），鏑（Dy）雖具有高的矯頑磁場強度而有助於穩定永磁體，但鏑資源枯竭的風險高，為了回避此風險而有必要考慮易於獲取的無稀土永久磁鐵材料，使得新型無稀土永磁的研究與開發成為磁性材料領域的研究熱點，生產不使用稀土之永磁同步馬達的需求也日益增加，包括豐田汽車（Toyota Motor Corp）、日產汽車（Nissan Motor Co）、BMW 和福斯汽車（Volkswagen AG）等汽車大廠都正在探索基於環保和可用材料的無稀土永磁體技術。

　　無稀土鐵氧體磁性材料由於資源豐富、價格便宜而具有廣闊的應用市場，應用於電動車永磁同步電機具有高溫不易退磁及價格低廉等特點[2]，使得鐵氧體磁鐵已是取代用於電動車永磁馬達中之 NdFeB 磁鐵的選擇之一。然而，鐵氧體磁體雖由豐富的鐵氧化物製成而較無資源風險，但其永磁性能（特別是矯頑力）較差，遠低於

1　芮嘉瑋，電動車用馬達之無稀土永磁技術專利分析，專利師季刊第 47 期，2021 年 10 月，頁 12-36。

2　XIE Zhuo-bin, LI Jian-er, ZHANG Yang-ling, LIU Xiao-yu, FANG Xiao-jian. A reluctance permanent magnetic synchronous motor rotor punching sheet. Jinhua Jiangke Power Co. Ltd., 2020 Feb 7, Chinese patent CN210041469U.

稀土永磁材料，無法滿足科技進步對高性能永磁材料的需求。因此，目前國內外研究者都在尋求不含稀土的新型高性能永磁材料，其中無稀土永磁合金材料由於不含有稀土材料可以克服前述有關稀土資源日益匱乏和稀土資源價格昂貴的問題，更因其具有較好的耐腐蝕性和機械加工性能，近年來得到了研究人員的廣泛關注。Mn基硬磁就是無稀土永磁材料的一個重要分支，錳的二元合金如錳鋁（MnAl）、錳鉍（MnBi）和錳鎵（MnGa）等，由於其不含稀土和貴金屬，且具有較強的磁晶各向異性和較高的居禮溫度，已經成為近年來廣泛研究的熱點[3]。

其中，無稀土 MnAl 基永磁合金（也稱 τ 相 MnAl 基永磁合金），因其具有高的磁晶各向異性、較高的矯頑力、低的密度、低成本（不含有稀土和稀貴金屬）、優異的耐腐蝕性能和機械加工性能以及不用複雜的磁場處理，近年來得到國內外研究人員大量研究成為極具前景的無稀土永磁材料。雖然 MnAl 基永磁合金近年來發展非常迅速，但仍存在一些如磁性相不穩定和飽和磁化強度低等問題[4]。

另，近年來一種不含稀土的永磁錳鉍（MnBi）合金也引起人們的注意，MnBi合金雖然磁能積遠小於釹鐵硼永磁，但也因不含稀土元素、矯頑力較高，且矯頑力隨溫度升高而升高，目前已有人將 MnBi 和 NdFeB 製作為混合磁體（NdFeB／MnBi 混合永磁），利用 MnBi 磁粉的優勢，改善 NdFeB 磁體的綜合磁性能[5]。再者，MnBi 作為一種無稀土永磁材料，有著較高的磁晶各向異性、適中的飽和磁化強度和正的矯頑力溫度係數，使其在中高溫領域有著重要的潛在應用價值[6]。

另，Mn-Ga 合金由於具有不含稀土元素、相結構豐富、磁晶各向異性大、自旋極化率和居禮溫度高等特點，使其在永磁方面存在一定的潛在應用價值。一般來說，緻密、組織均勻、晶粒細小的顯微結構是獲得高性能的關鍵，如何透過調控顯微組織結構獲得具有高磁能積的 Mn-Ga 粉末和磁體，是實現其應用的關鍵。目前，四方 Mn_xGa 粉末的磁硬化的唯一途徑是透過實現其結構奈米化，即透過熔體

[3]　Yang Jinbo, Zhao Hui, Liu Shunquan, Han Jingzhi. Method for directly preparing τ -phase Mn-Al or Mn-Al-C. Peking University, 2018 Nov 13, Chinese patent CN105734374B.

[4]　Chen Xing-Xing, Huang Shuai, Huo Dexuan, Liu Jing-Jing, Su Kun-Peng, Wang Hai-Ou. Rare-earth-free MnAlCuC permanent magnet alloy and preparation method thereof. Hangzhou Dianzi University, 2017 Aug 1, Chinese patent CN106997800A.

[5]　Ma Yilong, Yin Xueguo, Zheng Qiang, Li Bingbing, Shao Bin, Guo Donglin, Li Chunhong. Preparation method for completely-compacted anisotropic NdFeB/MnBi hybrid permanent magnet. Chongqing University of Science & Technology, 2017 July 21, Chinese patent CN106971803A.

[6]　Huang Youlin, Cao Jun, Hou Yuhua, Shi Zhiqiang. Method for improving high-temperature stability of non-rare-earth MnBi permanent magnetic alloy through spark plasma sintering technology. Nanchang Hangkong University, 2018 March 9, Chinese patent CN107785141A.

快淬或者高能機械球磨細化晶粒的方法使其晶粒尺寸達到奈米尺度並獲得一定程度矯頑力的 Mn_xGa 粉末。

無稀土永磁體專利分析（patent analysis of rare earth-free permanent magnets）

本文以無稀土永磁體技術進行分析，依序掌握無稀土永磁體技術的歷年專利活動態勢，調查該技術領域專利申請人所屬國別的分布，洞悉無稀土永磁體技術競爭對手的動向和市場參與的情況，並透過幾個具參考價值的專利競爭指標分析重要專利權人的研究能力表現，進一步依據無稀土永磁體成分組成進行專利技術分類，並解析專利文件中的申請專利範圍，分析各類無稀土永磁材料的化學分子組成。分述如下：

(一) 歷年專利活動分析（analysis of patent activities over the years）

本文專利分析以圖 1 首先掌握無稀土永磁體技術歷年專利申請的趨勢，藉此洞悉技術動態和勘測技術未來的成長性。無稀土永磁體專利最早是由 Matsushita Electric Industrial Co., Ltd. 所申請且涉及一種錳鋁碳（Mn-Al-C）永磁合金的製造方法，應用於揚聲器磁鐵和電動機雙極轉子磁鐵等領域（speaker magnets and motor bipolar rotor magnets.）。90 年代有幾件零星的專利也都是日本企業所申請

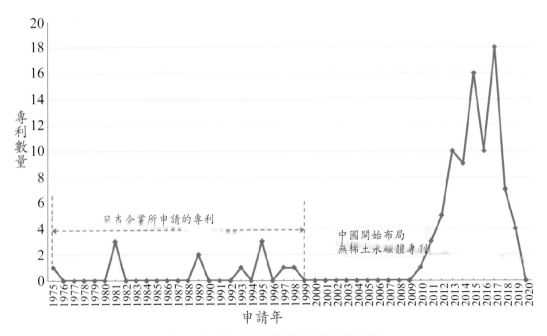

圖 1　無稀土永磁體歷年專利申請趨勢

的，從 1999 年起幾乎停滯了 10 年無任何與無稀土永磁體相關的專利活動（patent activity），直至 2010 年中國開始布局無稀土永磁體專利，且這近 10 年間各國密集地投入無稀土永磁技術的研發並創造專利申請的高峰。

(二) 專利申請人所屬國分析（analysis of the country where the patent applicant belongs）

　　爲了調查無稀土永磁體技術領域專利申請人所屬國別的分布，進而統計各專利申請人所屬國別的專利權人數量、專利件數以及投入該技術研發之發明人數量，繪製如圖 2 所示。顯示專利申請人所在地爲中國，其專利權人數量、申請專利的件數以及發明人數量都是最多的，中國堪稱近 10 年來無稀土永磁體的專利霸主，對於無稀土永磁體的研發、生產與製造都是全球首屈一指；其次是日本和美國。中國投入無稀土永磁技術研發的發明人數量幾乎是接近日本的 2 倍。專利件數最多的發明人都集中在中國的同濟大學（Tongji University）。

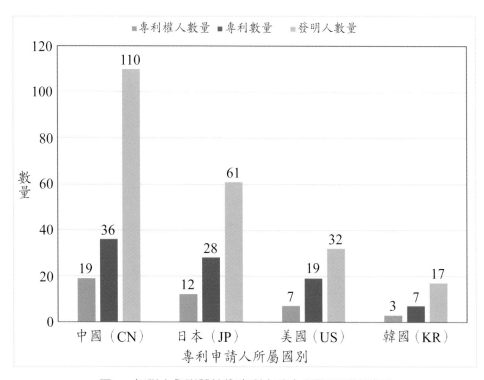

圖 2　無稀土永磁體技術專利申請人所屬國別統計圖

(三) 相對研究能力分析（relative research ability, RA）

　　相對研究能力的分析係統計專利權人的專利件數、發明人數、平均專利年齡、專利權人自我引證的專利數量、他人引證該專利權人的專利數量等競爭指標，藉以獲悉特定技術重要專利權人間之相對研發能力。以下先就各競爭指標名詞簡單介紹：

　　1.專利件數（patent count, PC）：特定技術的專利申請數量是簡易評量專利權人技術研發能力的一種「量」的衡量指標，合理反映其技術實力。

　　2.發明人數（inventor count, IC）：以研發人員投入的多寡反映專利權人對該技術之企圖心與競爭潛力。

　　3.平均專利年齡（patent age, PA）：將特定專利權人專利的各專利權年齡總和除以該專利權人的專利件數所得之值。美國專利權保護年限為 20 年，平均專利年齡越短，表示該專利權人於該專利技術享有較長期之技術獨占性優勢。

　　4.自我引證次數（self-citings, SC）：特定專利權人被自己引證的總次數。

　　5.他人引證次數（others citings, OC）：特定專利權人被其他專利權人引證的總次數。

　　6.標準化他人引證次數（normalized others citings, NOC）：由於年齡越久的專利，本來就擁有他人引證次數（OC）會比較高的優勢，在計算不同專利權人之間相對研究能力時，他人引證次數（OC）應該要被標準化（normalized）較能客觀公正地反映該專利權人的技術研發能力，公式中係以標準化他人引證次數（NOC）表示該競爭指標，並以特定技術領域全部專利的平均年齡（total patent age, TPA）除以特定專利權人擁有該技術專利之平均專利年齡（patent age, PA）的比值乘以他人引證次數（OC）作為標準化他人引證次數（normalized others citings, NOC）計算的依據，即 NOC = (TPA/PA) × (OC)。

　　7.相對研究能力（relative research ability, RA）：本文相對研究能力係將特定專利權人上述之各項競爭指標分別賦予權重，該權重的設定係依據該項競爭指標對於該專利權人在特定技術領域之研究發展上影響的程度而定。本文將各項競爭指標參數加權計算後，從而提供如下之公式計算，藉以分析特定技術各專利權人間相對研發能力。然而，各項競爭指標參數的權重，可依使用者認為特定競爭指標對於特定技術領域之相對研發能力的表現可自行調整，不以此為限。

　　$Xi = [5PC + 2NOC + (1)IC + (1)SC + (-1)PA]$

　　$M = Max(Xi)$

　　相對研究能力（relative research ability, RA）：$RA = Xi/M$

表 1　無稀土永磁體專利權人相對研究能力分析

Assignee	專利件數（PC）	他人引證次數（OC）	標準化他人引證次數（NOC）	自我引證次數（SC）	發明人數（IC）	平均專利年齡（PA）	相對研究能力（RA）
豐田汽車北美工程與製造公司 Toyota Motor Engineering & Manufacturing North America, Inc.	13	0	0	0	16	5	100%
福特汽車全球科技公司 Ford Global Technologies, LLC	7	0	0	0	13	2	60.50%
同濟大學 Tongji University	6	1	1.5509	1	11	4	54.08%
LG 電子 LG Electronics Inc.	5	0	0	0	10	5	39.47%
橫店集團東磁股份有限公司 Hengdian Group DMEGC Magnetics Co., Ltd	4	0	0	0	11	4	35.52%
日立製作所 Hitachi, Ltd.	6	0	0	0	18	22	34.21%
中國計量大學 China Jiliang University	4	0	0	0	10	5	32.89%
台灣東電化股份有限公司 TDK CORP	4	0	0	0	6	3	30.26%
電裝公司 DENSO CORPORATION	3	0	0	0	6	7	18.42%
南昌航空大學 Nanchang Hangkong University	2	0	0	0	6	3	17.10%

　　表 1 和圖 3 可獲悉無稀土永磁體技術領域其專利權人的相對研究能力，其中豐田汽車工程與製造北美有限公司（Toyota Motor Engineering & Manufacturing North America, Inc.），一家 TOYOTA 汽車公司擁有的汽車製造和研發公司，無論在專利件數、研發人員的投入和專利年齡的表現都很突出，在無稀土永磁體領域之所有專利權人當中具有最強的相對研究能力。Ford Global Technologies, LLC 的專利年齡最年青，享有較長期之技術獨占性優勢。中國的同濟大學的無稀土永磁體專利比較傾向基礎型專利，且技術獨立性較佳。

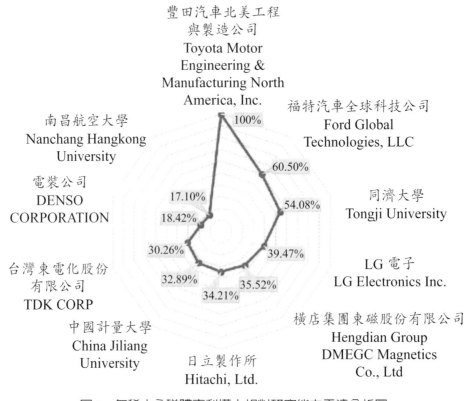

圖 3　無稀土永磁體專利權人相對研究能力雷達分析圖

(四) 專利技術分類（patent technology classification）

　　將無稀土永磁體的專利組合（patent portfolio），依其永磁材料成分組成分為鐵氧體（ferrite）、MnBi 基永磁體、MnAl 基永磁體、MnGa 基永磁體共 4 個技術分類，其各別專利件數統計如圖 4 所示，顯示無稀土永磁材料專利組合以 MnBi 基永磁合金專利最多，其次依序 MnAl 基永磁合金、鐵氧體、MnGa 基永磁合金。在無稀土永磁鐵氧體的專利組合中，專利申請人以 Hengdian Group DMEGC

Magnetics Co., Ltd 專利最多；在無稀土 MnBi 基永磁體的專利組合中，TOYOTA 專利申請最多共 11 件，其次為 Ford Global Technologies, LLC 占了 7 件；在無稀土 MnAl 基永磁體的專利組合中，中國的同濟大學有 5 件最多；無稀土 MnGa 基永磁體的專利則是中國的北京工業大學（Beijing University of Technology）於 2017 年申請的專利。

　　整體觀之，圖 5 顯示 4 個技術分群歷年來專利的態勢。日本早在 40 年前由 Matsushita Electric Industrial Co., Ltd. 申請了幾件有關 MnAl 基永磁合金之無稀土永磁材料的專利，從而 MnAl 基永磁合金是全球最早研發的無稀土永磁材料，之後於 1995 年同樣也是日本企業 HITACHI MAXELL, LTD. 開始研究 MnBi 基永磁材料。2000 年以前少數幾家日本企業先後對 MnAl 基永磁材料和 MnBi 基永磁材料進行研發及專利申請，之後的 10 年幾乎沒有任何「無稀土永磁體」領域的專利活動（patent activity），直至 2010 年中國開始投入無稀土永磁體的專利布局。中國在 MnAl 基、MnBi 基及鐵氧體等類別之無稀土永磁材料上幾乎是同步開始布局，且在 2011 年底中國率先布局無稀土鐵氧體永磁材料專利。這近 10 年間各國密集地投入該技術領域的研發，不僅創造專利申請的高峰也在無稀土永磁材料成分組成上成為兵家必爭之地。

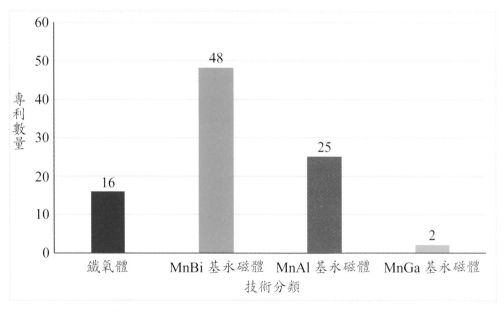

圖 4　無稀土永磁體專利依據組成技術分群的專利件數統計圖

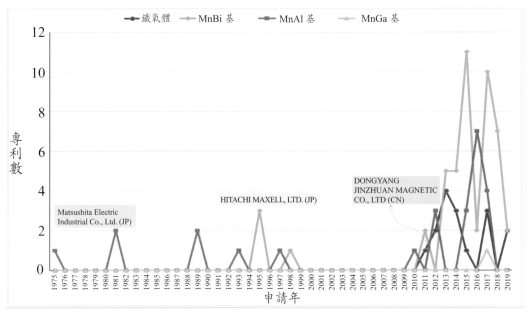

圖 5 無稀土永磁體四類技術分群歷年專利活動

這四類無稀土永磁合金，各相應元素（corresponding elements）以適當的原子百分比構成各種不同的化學分子式，對應用於電動車永磁馬達磁性能的改善會有正向的影響，例如改善磁體的矯頑力、增加了磁體的緻密化程度，以使磁體具有更優異的磁性能等等。

全球投入無稀土永磁體研究以中國最為突出（圖 2），本文進一步解析該等專利文件中的申請專利範圍，分析各類無稀土永磁材料的化學分子組成、專利技術特徵以及申請專利範圍主張的發明標的，並以表 2、表 3、表 4 分別列舉幾個代表性中國專利。

表 2 無稀土 MnAl 基永磁合金示例性專利

專利號 ／專利權人 ／申請日	技術特徵	專利所要保護的永磁 材料化學組成	申請專利範圍 之獨立項主張 的標的
CN104593625A Tongji University (CN) 2015/1/6	種無稀土 MnAl 永磁合金的製備方法是將熔融金屬澆鑄到模具中得到合金錠，然後進入真空加熱爐而獲得淬火合金錠（quenched alloy ingot）。	專利所要保護的 MnAl 永磁合金的分子式係以 $Mn_{60-x}Al_{40+x}$ 表示，其中 X = 0 至 10。	一種稀土 MnAl 永磁合金的製備方法。

專利號 ／專利權人 ／申請日	技術特徵	專利所要保護的永磁材料化學組成	申請專利範圍之獨立項主張的標的
CN107312982A Tongji University (CN) 2017/6/13	錳鋁基硬磁純 τ 相合金（manganese-aluminum-based hard magnetic pure τ phase alloy）的化學組成係以化學式為 Mn_aAl_b 表示，a、b 分別為相應元素的原子百分比，$53 \leq a \leq 57$、$43 \leq b \leq 47$、a+b 為 100。	專利所要保護的錳鋁基純 τ 相硬磁合金，可由 Mn_aAl_b 之分子式表示其組成，其中 a 和 b 表示相應元素的原子百分比含量，a 大於等於 53 且小於等於 57，b 大於等於 43 且小於等於 47，a 加 b 等於 100。	一種 MnAl 基純 τ 相硬磁合金。
CN105755303B Tongji University (CN) 2016/4/6	製備錳鋁合金磁性材料，包括以錳、鋁、鈷為原料，精煉、冷卻製成母合金錠、冶煉、清洗、乾燥、熔融製成磁條。	專利所要保護的 MnAl 永磁合金為係以 $(Mn_{0.55}Al_{0.45})_xCo_y$ 的分子式表示其組成，其中 y 大於 0 且小於 3，x 等於 100-y。	一種 MnAl 合金磁性材料原料的製備方法。
CN106997800A Hangzhou Dianzi University (CN) 2017/3/10	無稀土永磁合金包括錳、鋁、銅和碳。	專利所要保護的 MnAlCuC 永磁合金，係以 $Mn_{50+z}Al_{50-x-z}Cu_xC_y$ 分子式表示其組成，其中 x=1～4，y=1～3，z=0～2。	一種無稀土 MnAlCuC 永磁合金。
CN106011566B Tongji University (CN) 2016/5/27	一種高飽和磁化錳鋁硼永磁合金材料，包括錳鋁硼合金。	專利所要保護的錳鋁硼永磁合金的分子式為 $(Mn_{0.55}Al_{0.45})_xB_y$，其中 0<y<2，x=100y。	一種高飽和磁化錳鋁硼永磁合金的製備方法。
CN105734374B Beijing University (CN) 2016/3/4	一種用於製備 τ 相錳—鋁或錳—鋁—碳磁體的方法，包括按適當比例加入錳和鋁元素。	專利所要保護的錳鋁（MnAl）永磁合金的分子式為 Mn_xAl_{100-x}，具有適當的原子比，其中 x 大於 51 且小於 61。	一種直接製備 τ 相 MnAl 基永磁合金的方法。

表 3　無稀土 MnBi 基永磁合金示例性專利

專利號 ／專利權人 ／申請日	技術特徵	專利所要保護的永磁材料化學組成	申請專利範圍之獨立項主張的標的
CN102610346B China Jiliang University (CN) 2011/12/1	不含稀土的奈米複合永磁材料，係以分子式 $Mn_{1.08}(Al_xBi_{1-x})/\alpha\text{-Fe}$ 表示其組成，其中 $Mn_{1.08}(Al_xBi_{1-x})$ 為永磁相（permanent magnetic phase），$\alpha\text{-Fe}$ 是軟磁相（soft magnetic phase），x 為 0.2-0.8。永磁相和軟磁相的重量比大於 0 且小於或等於 0.5。	專利所要保護的奈米複合永磁材料，係以分子式 $Mn_{1.08}(Al_xBi_{1-x})/\alpha\text{-Fe}$ 表示其組成，其中莫耳分數 x 滿足 $0.2 \le x \le 0.8$。	一種新型無稀土奈米複合永磁材料。
CN107785141A Nanchang Hangkong University (CN) 2017/10/24	使用放電等離子體燒結（discharge plasma sintering）技術提高錳鉍無稀土永磁合金的高溫穩定性，包括根據錳鉍相圖匹配所需之合金樣品。	專利所要保護的永磁材料的合金配方組成係以具有固定原子比的 $Mn_{60}Bi_{40}$ 表示。	一種利用放電等離子燒結技術提高 MnBi 非稀土永磁合金高溫穩定性的方法。
CN107393670A Tongji University (CN) 2017/6/13	錳鉍基永磁合金（manganese-bismuth based permanent magnet alloy），係以分子式 $Mn_aBi_bM_c$ 表示其組成，M 為選自 Ti、Zr、Nb、Mo、V 或 Cr 中的至少一種過渡金屬元素，a、b、c 為各自對應的原子百分比含量元素，並且 50<a<55, 45<b<50, 0<c<5, a + b + c=100。	專利所要保護的錳鉍基永磁合金，由分子式 $Mn_aBi_bM_c$ 表示，其中 M 為選自鈦、鋯、鈮、鉬、釩或鉻中的至少一種過渡金屬元素，a、b、c 表示對應元素的原子百分比，其中 a 在 50～55 之間，b 在 45～50 之間，c 在 0～5 之間，a+b+c=100。	一種高性能 MnBi 基永磁合金。
CN107803505A Suzhou Naner Material Technology Co. Ltd. (CN) 2017/10/22	一種三維列印錳鋁鉍永磁材料的製造方法，是將漿料注入凝膠列印裝置的針筒中經燒結而得永磁材料。	專利所要保護的錳鉍基永磁材料的化學分子式為 $Mn_{100-x-y}Bi_xAl_y$，其中 x 在 42-45 之間，z 在 1～3 之間。	一種製備錳鉍鋁永磁材料的三維列印方法。

專利號 ／專利權人 ／申請日	技術特徵	專利所要保護的永磁 材料化學組成	申請專利範圍 之獨立項主張 的標的
CN107833725A China Jiliang University (CN) 2017/11/8	一種非稀土摻雜錳鉍永磁材料，提高了錳合金的矯頑力，降低了生產成本，採用真空熔煉原料和熔煉合金製備而成。	專利所要保護的無稀土摻雜的錳鉍永磁材料，係由分子式 $MnBi_{1-x}M_x$ 表示其組成，其中 M 為選自鉭、鋯或鎵中的至少一種金屬元素，且 x 大於0且小於或等於0.4。	一種新型非稀土摻雜錳鉍永磁材料。

表 4　不含稀土的鐵氧體和 MnGa 基永磁材料的示例性專利

專利號 ／專利權人 ／申請日	技術特徵	專利所要保護的永磁 材料化學組成	申請專利範圍 之獨立項主張 的標的
CN104003701B Hengdian Group DMEGC Magnetics Limited (CN) 2014/2/27	無稀土永磁鐵氧體材料的製備包括原料稱量、溼式球磨、預燒結、冷卻、粉碎、洗滌、加入助磨劑和分散劑、研磨、沉積、成型和燒結。	所要保護的無稀土永磁鐵氧體材料，係以 $(1-x-y)SrO \cdot xCaO \cdot yBaO \cdot nFe_2O_3$ 的分子式表示其組成，其中 $0.1 \leq x \leq 0.5$、$0.1 \leq y \leq 0.7$、$5 \leq n \leq 6.4$。	一種無稀土永磁鐵氧體材料的製備方法。
CN103964828B Anhui University (CN) 2014/5/6	一種高性能永久鐵氧體材料，由鍶、鋇、鐵和鉻或鋁組成，具有六方晶系。	所要保護的高性能永磁鐵氧體材料的化學式為 $Sr_{1-x}Bi_x \cdot nFe_{(12-y)}/nR_y/nO_3$，其中 $0 \leq x \leq 0.998$，$5.75 \leq n \leq 6.15$，$0 < y \leq 0.6$，R 為 Cr 或 Cr 與 Al，當 R 為 Cr 與 Al 時，Cr 與 Al 的總量 ≤ 0.6。	一種高性能永磁鐵氧體材料。
CN104496444B Hengdian Group DMEGC Magnetics Limited (CN) 2014/9/15	一種新型低成本燒結永磁鐵氧體材料，由原料溼法混合、粉碎、乾燥、壓制、預燒結、球磨、加入磁粉和添加劑、成型、調整固含量、燒結而成。	專利所要保護的低成本燒結永磁鐵氧體材料，係由 $A_{1-x}Bi_x(Fe_{12-y}M_y)_zO_{19}$ 的分子式表示。其中 A 為 Sr、Ba 或 Ca；M 為 Al 或 Cr；x=0.01～0.1；y＝0～0.25；並且 z=0.8～12。	一種低成本的燒結永磁鐵氧體材料製備方法。

專利號 ／專利權人 ／申請日	技術特徵	專利所要保護的永磁 材料化學組成	申請專利範圍 之獨立項主張 的標的
CN107622852A Beijing University of Technology (CN) 2017/9/7	透過引入微應變（micro-strain）製備永磁粉末涉及使用純度大於99wt.%的錳鎵錠（Mn_xGa），Mn_xGa錠是在真空或惰性氣氛下透過懸浮熔煉技術獲得的，其中$1.0 \leq x \leq 3.0$。將得到的MnxGa錠放入退火爐中，在真空或惰性氣體保護下，以適當的退火溫度和退火時間對合金進行退火，得到四方相合金錠。	專利所要保護的錳鎵高矯頑力永磁材料由分子式MnxGa表示，其中$1.0 \leq x \leq 3.0$。	一種透過引入微應變製備錳鎵高矯頑永磁粉末的製造方法。

無稀土永磁技術的改善精進

　　如今，經濟、環境和地緣政治問題，使其對生產不使用稀土之永磁同步馬達（PMSM）的需求日益增長，汽車工業正在探索基於環保和可用材料的不同技術，無稀土永磁體技術被認為是有效的解決方案。無稀土永磁體雖有希望解決全球稀土元素資源短缺的窘境，但也因其磁能積相對於稀土類磁鐵低而產生一些負面效應，例如因其磁能積相對較低而需要通以大電流，致使逆變器之開關元件所產生的電路損失會增大而造成發熱的問題。近來一些發明係以解決這類問題為主，包括日本專利JP2009153353A、中國專利CN105850009B和CN104702004A，有待技術上的精進改善以確保有效磁通增加並提高馬達轉矩效率，成為無稀土永磁技術有待解決及研究發展的方向之一。

小結

　　透過本文專利分析洞悉2010年起中國開始布局無稀土永磁技術的專利，並利用其稀土優勢作為貿易戰的武器，帶動這近10年間各國爭相投入該技術領域的自主研發，創造出專利申請的成長高峰。中國堪稱近10年來無稀土永磁體的專利霸主，在一定程度上可謂中國的稀土決定著世界經濟的走向。在無稀土永磁技術的專利權人中，Toyota Motor Engineering & Manufacturing North America, Inc. 的相對研

究能力表現最為亮眼，且遠超過第二名的 Ford Global Technologies, LLC，展現其對無稀土永磁電機技術投入豐富資源及技術研發能力的決心，也嗅覺出必須擺脫對中國稀土的依賴。隨著稀土禁令趨嚴和價格飛漲，驅使原本嚴重依賴中國稀土的汽車大廠開始在無稀土永磁電機技術方面有了新的突破。我想這是稀土資源豐富的中國始料未及的，國際間這場稀土戰爭誰輸誰贏有待時間上的觀察與驗證。

　　無稀土永磁體專利技術分為鐵氧體、MnAl 基永磁體、MnBi 基永磁體以及 MnGa 基永磁體等 4 個技術分類。中國在這四類無稀土永磁材料上都有專利布局。整體而言，使用無稀土方案來降低永磁電機的成本，同時又能保持電機效率不減為技術上的目標。

　　無稀土永磁鐵氧體材料之永磁性能較差，尤其是矯頑力遠不如稀土永磁體，目前研究上傾向以下途徑以提高永磁鐵氧體材料的磁性能，包括：提高取向度、提高磁體密度、提高材料的飽和磁化強度和提高材料的各向異性場常數、細化晶粒，以及控制燒結後晶粒大小盡可能保持一致等方式。此外，中國也逐漸開始關注如何利用非稀土元素摻雜，例如中國專利 CN105060870B 和 CN102030521A 涉及使用 Al 元素作為主要摻雜元素，或者中國專利 CN107673751A 藉由同位素的添加以改善傳統鐵氧體磁性能。

　　MnAl 合金中存在鐵磁性的 τ 相，具有較高的磁各向異性、低的密度、便宜的原材料以及耐腐蝕等特點成為目前極具前景的非稀土永磁材料。為了進一步提高該體系的矯頑力及綜合磁性能，中國專利 CN101684527A 涉及元素摻雜的手段大量被應用到 MnAl 永磁材料中，有望在新能源汽車技術領域中得到廣泛應用。

　　雖然 MnBi 基永磁體的理論磁能積與稀土類永磁相比有一定差距，但遠好於鐵氧體等磁性材料。MnBi 永磁體在一定溫度範圍內矯頑力呈正的溫度係數，可以彌補 NdFeB 永磁體的不足，從而可與 NdFeB 混合製成複合磁體，例如中國專利 CN106971803A 係利用 MnBi 磁粉的該等優勢改善 NdFeB 磁體的綜合磁性能，這對開發高溫工作電機很有意義。再者，透過調整合金成分以及 MnBi 合金中摻雜適量的元素，研究其對 MnBi 合金的飽和磁化強度和矯頑力的影響，將是當前 MnBi 永磁合金材料研究中的研發趨勢。

　　MnGa 合金的專利相對較少，但有發現 MnGa 合金磁硬化方面的研究，包括中國專利 CN107622852A 涉及一種在不改變四方 Mn_xGa 合金物相和晶粒尺寸的基礎上，透過在 Mn_xGa 合金粉末中引入微觀應變而直接獲得高矯頑力的方法，以及中國專利 CN106816253B 係涉及透過合金塑性變形得到緻密的磁硬化 Mn-Ga 合金磁體的方法。

　　此外，也發現永磁材料領域新興應用技術的機會，例如中國專利

CN107803505A 係涉及 3D 列印用於磁性材料的成型中屬於一種新的應用技術，近年來中國在永磁材料的 3D 列印工藝上投入研究，用以獲得具有優異穩定永磁性能的永磁材料，對當前永磁產業以及無稀土永磁材料的研究和應用具重要意義與實質的貢獻。

專有名詞中英文及縮寫對照

專有名詞中英文及縮寫對照

中文	英文	專有名詞／化學符號
內稟矯頑力	intrinsic coercivity	Hcj
火法冶金	Pyrometallurgical	—
卡內基梅隆大學	Carnegie Mellon University	CMU
正子斷層掃描	Positron Emission Tomography	PET
永磁同步電機	Permanent-magnet synchronous motor	PMSM
有機發光二極體	Organic Light-Emitting Diode	OLED
低介電常數	low dielectric constant	low-k
長餘輝發光材料	Long afterglow luminescent materials 或稱 Long decay luminescent materials 或稱 long-lasting luminescence materials	—
美國地質調查局	United States Geological Survey	USGS
美國能源部	the Department of Energy	DOE
重稀土元素	Heavy Rare Earth Elements	HREE
釓	Gadolinium	Gd
釔	Yttrium	Y
剛果民主共和國	DR Congo	DRC
消磁	demagnetize	—
閃爍晶體探測器	Scintillation Detector	—
國際能源署	International Energy Agency	IEA
國際專利分類號	International Patent Classification	IPC
釤	Samarium	Sm
釤鈷型磁鐵	Samarium cobalt magnets	—
釹	neodymium	Nd
釹鐵硼磁鐵（又稱釹磁鐵）	neodymium-iron-boron magnets	NdFeB
稀土元素	Rare Earth Elements	REE

中文	英文	專有名詞／化學符號
稀土鈷磁體	rare earth-cobalt magnets	—
稀土磁鐵	rare-earth magnets	—
鈥	Holmium	Ho
鈧	Scandium	Sc
順磁體	paramagnet	—
鈰	Cerium	Ce
鉕	Promethium	Pm
電子和電氣設備	electrical and electronic equipment	EEE
電腦斷層掃描	Computed Tomography	CT
磁共振造影	Magnetic Resonance Imaging	MRI
磁鐵矯頑場	coercive field	Hc
輕稀土元素	Light Rare Earth Elements	LREE
鉺	Erbium	Er
銩	Thulium	Tm
銪	Europium	Eu
廢棄電子電機設備指令	Waste Electrical and Electronic Equipment Directive	WEEE
潔淨能源	clean energy	—
膜輔助溶劑萃取	membrane assisted solvent extraction	—
鋁鎳鈷合金	Alnico	—
鋱	Terbium	Tb
橡樹嶺國家實驗室	Oak Ridge National Laboratory	ORNL
濕法冶金	Hydrometallurgy	—
矯頑力	coercivity	—
鎦	Lutetium	Lu
鏑	Dysprosium	Dy
觸覺引擎	Taptic Engine	—
鐠	Praseodymium	Pr

中文	英文	專有名詞／化學符號
鐵氧體	Ferrite	—
鐵電場效應電晶體	ferroelectric field effect transistor	FE-FET
鐵磁體	ferromagnet	—
鐿	Ytterbium	Yb
鑭	Lanthanum	La

國家圖書館出版品預行編目資料

稀土材料的科技應用及供應鏈風險管理／芮嘉
　瑋編著. －－初版.－－臺北市：五南圖書
　出版股份有限公司, 2023.06
　面；　公分
　ISBN 978-626-343-992-4(平裝)

1.CST: 工程材料　2.CST: 稀土元素
3.CST: 風險管理　4.CST: 產業發展

440.3　　　　　　　　　　　112004533

5BM2

稀土材料的科技應用及供應鏈風險管理

作　　　者 ― 芮嘉瑋（530）

發 行 人 ― 楊榮川

總 經 理 ― 楊士清

總 編 輯 ― 楊秀麗

副總編輯 ― 王正華

責任編輯 ― 張維文

封面設計 ― 陳亭瑋

出 版 者 ― 五南圖書出版股份有限公司

地　　　址：106台北市大安區和平東路二段339號4樓

電　　　話：(02)2705-5066　　傳　　　真：(02)2706-6100

網　　　址：https://www.wunan.com.tw

電子郵件：wunan@wunan.com.tw

劃撥帳號：01068953

戶　　　名：五南圖書出版股份有限公司

法律顧問　林勝安律師

出版日期　2023年6月初版一刷

定　　　價　新臺幣360元

經典永恆・名著常在

五十週年的獻禮 —— 經典名著文庫

五南，五十年了，半個世紀，人生旅程的一大半，走過來了。

思索著，邁向百年的未來歷程，能為知識界、文化學術界作些什麼？

在速食文化的生態下，有什麼值得讓人雋永品味的？

歷代經典・當今名著，經過時間的洗禮，千錘百鍊，流傳至今，光芒耀人；

不僅使我們能領悟前人的智慧，同時也增深加廣我們思考的深度與視野。

我們決心投入巨資，有計畫的系統梳選，成立「經典名著文庫」，

希望收入古今中外思想性的、充滿睿智與獨見的經典、名著。

這是一項理想性的、永續性的巨大出版工程。

不在意讀者的眾寡，只考慮它的學術價值，力求完整展現先哲思想的軌跡；

為知識界開啟一片智慧之窗，營造一座百花綻放的世界文明公園，

任君遨遊、取菁吸蜜、嘉惠學子！